中等职业学校公共基础课程配套教材

U0748548

信息技术学习指导与练习

（基础模块）

（上册）

谭建伟　陈良庚◎主　编

电子工业出版社·

Publishing House of Electronics Industry

北京·BEIJING

内 容 简 介

本书基于《中等职业学校信息技术课程标准》基础模块第 1～3 单元的学习要求，联系信息技术课程教学的实际，适当扩大学生学习视野，突出技能和动手能力训练，重视提升学科核心素养，符合中职学生认知规律和学习信息技术要求。

书中内容以强化信息技术应用基础、网络应用和图文编辑的系统性知识，提升计算机操作、文件管理、网络应用和图文编辑能力为目的，是课堂教学的扩展，是实训操作的延续，也是对学习成果的具体检验，相关学习对强化学科核心素养有极大的帮助作用。

本书与中等职业学校各类专业的公共基础课《信息技术（基础模块）（上册）》教材配套使用，也可作为强化信息技术应用的训练教材。

未经许可，不得以任何方式复制或抄袭本书之部分或全部内容。

版权所有，侵权必究。

图书在版编目（CIP）数据

信息技术学习指导与练习：基础模块.上册 / 谭建伟，陈良庚主编. —北京：电子工业出版社，2021.8

ISBN 978-7-121-23590-0

Ⅰ.①信… Ⅱ.①谭… ②陈… Ⅲ.①电子计算机—中等专业学校—教学参考资料 Ⅳ.①TP3

中国版本图书馆 CIP 数据核字（2021）第 177831 号

责任编辑：潘　娅　　文字编辑：郑小燕
印　　刷：北京联兴盛业印刷股份有限公司
装　　订：北京联兴盛业印刷股份有限公司
出版发行：电子工业出版社
　　　　　北京市海淀区万寿路 173 信箱　邮编　100036
开　　本：880×1 230　1/16　印张：9.5　字数：243.2 千字
版　　次：2021 年 8 月第 1 版
印　　次：2024 年 6 月第 8 次印刷
定　　价：29.80 元

凡所购买电子工业出版社图书有缺损问题，请向购买书店调换。若书店售缺，请与本社发行部联系，联系及邮购电话：（010）88254888，88258888。

质量投诉请发邮件至 zlts@phei.com.cn，盗版侵权举报请发邮件至 dbqq@phei.com.cn。

本书咨询联系方式：（010）88254589，guanyl@phei.com.cn。

前言

本书基于《中等职业学校信息技术课程标准》基础模块第 1～3 单元的学习要求，联系信息技术课程教学的实际，适当扩大学习视野，突出技能和动手能力训练，重视提升学科核心素养，符合中职学生认知规律和学习信息技术要求。

书中内容以强化信息技术应用基础、网络应用和图文编辑的系统性知识，提升计算机操作、文件管理、网络应用和图文编辑能力为目的，以课堂教学扩展、操作训练延续为手段，从而检验课堂学习成果。相关学习与练习对强化学科核心素养有极大的帮助作用。

在本书编写中，力求突出以下特色。

1. 注重课程思政。本书将课程思政贯穿于练习全过程，以润物无声的方式引导学生树立正确的世界观、人生观和价值观。

2. 贯穿核心素养。本书以建立系统的知识与技能体系、提高实际操作能力、培养学科核心素养为目标，强调动手能力和互动学习，更能引起学生的共鸣，逐步增强信息意识、提升信息素养。

3. 强化专业训练。紧贴信息技术课程标准的要求，组织知识和技能试题，通过有针对性的练习，让学生能在短时间内提升知识与技能水平，对于学时较少的非专业学生也有更强的适应性。

4. 跟进最新知识。涉及信息技术的各种问题多与技术关联紧密，本书以最新的信息技术为内容，关注学生未来发展，符合社会应用要求。

5. 关注学生发展。本书在内容编排上兼顾学生职业发展，将操作、理论和应用三者紧密结合，满足学生考证和升学的需要，提高学生学习兴趣，培养学生的独立思考能力及创新能力。

本书的习题答案（可登录华信教育资源网免费获取）仅给出答题参考，鼓励学生充分发挥主观能动性，积极探索扩展答题视角，从而得到有创意的答案。本书任务考核中的学业质量水平同样也是仅给出定性参考，定量标准可根据具体教学情况进行量化。学生在使用教材过程中，可根据自身情况适当延伸教材内容，达到开阔视野、强化职业技能的目的。

本书由谭建伟、陈良庚担任主编。其中，第1、2章由谭建伟编写，第3章由陈良庚编写，全书由谭建伟、陈良庚负责统稿。

书中难免存在不足之处，敬请读者批评指正。

编　者

目录

第1章 信息技术应用基础

本章共有 6 个任务，任务 1 帮助学生全面认知信息技术与信息社会，深刻理解信息社会的道德和法律约束。任务 2 帮助学生进一步掌握信息系统的组成、运行机制、信息编码和存储等基础知识，学会不同进位计数制之间的数值转换。任务 3 帮助学生全面了解信息技术设备，学会正确连接设备组成完整系统。任务 4 帮助学生深入了解操作系统，学会使用操作系统，高效完成计算机等智能设备操作。任务 5 帮助学生理解分类管理文件的概念，学会高效检索、调用信息资源。任务 6 帮助学生进一步掌握合理配置终端设备、安全管理用户、维护系统可靠运行等方法。

任务 1 认知信息技术与信息社会

◆ **知识、技能练习目标**

理解信息技术的概念，了解信息技术的发展历程，能描述信息技术在当今社会的典型应用，以及对人类社会生产、生活方式的影响；

了解信息社会的特征和相应的文化、道德和法律常识；

了解信息社会的发展趋势和智慧社会的前景。

◆ **核心素养目标**

增强信息意识；

强化信息社会责任。

◆ **课程思政目标**

遵纪守法、文明守信；

自觉践行社会主义核心价值观。

一、学习重点和难点

1. 学习重点

（1）信息技术概念；

（2）信息技术对人类社会的影响；

（3）信息社会应遵循的法律规范和道德准则。

2. 学习难点

（1）信息社会文化；

（2）信息社会发展前景。

二、学习案例

案例 1：居家办公

小华知道居家办公是上班族基于互联网在家处理办公事务的一种办公模式。

居家办公是一种时尚，也可以称之为 SOHO（Small Office，Home Office）一族。人们利用现代通信方式，形成了一种新型办公模式。大家各自在自己的家里，联接互联网处理公司事务，穿着睡衣在自己的起居室就把工作处理了。而不用再起早赶车，去公司打卡签到。

小华在深入思考以下问题：

（1）居家办公只有优势吗？不足是什么？发展趋势如何？

（2）居家办公会产生什么样的社会变革？对个人的行为自律有哪些要求？

案例 2：网上学习和生活

小华明白网上学习和生活是信息社会特有的一种生活模式。

网上学习是指通过信息设备和网络，在网上浏览各种网络资源、在线交流学习心得、在线听课等，进而获得知识、提升技能、解决实际问题，达到提升自己的目的。

网上生活是指利用网络完成线下的各种社会活动，如购物、交友、娱乐等，使传统生活模式网络化，生活资源信息化。

小华在深入思考以下问题：

（1）网上学习需要注意什么？有哪些法律、道德约束？

（2）网上生活可能引发哪些负面问题？如何防范？

三、练习题

（一）选择题

1. 信息技术主要包括传感技术、_____与智能技术、_____技术和控制技术等。

　　A．计算机、通信　　　　　　　B．信息、网络

　　C．网络、传输　　　　　　　　D．数据、计算机

2. 掌握信息技术、增强信息意识、提升信息素养、树立正确的信息社会价值观和责任感，已成为现代社会对高素质技术技能型人才的_____要求。

　　A．特别　　　　　　　　　　　B．专业

　　C．基本　　　　　　　　　　　D．特殊

3. _____、物质和能量一起构成社会赖以生存的三大资源。

　　A．技术　　　　　　　　　　　B．信息

　　C．网络　　　　　　　　　　　D．数据

4. 在信息社会中，信息、知识将成为_____的生产力要素。

　　A．重要　　　　　　　　　　　B．基本

　　C．特殊　　　　　　　　　　　D．特别

5. 在人类历史上信息技术发展经历了_____阶段。

　　A．3个　　　　　　　　　　　B．4个

　　C．5个　　　　　　　　　　　D．6个

6. 第_____代计算机开始使用操作系统。

　　A．二　　　　　　　　　　　　B．三

　　C．四　　　　　　　　　　　　D．五

7. 信息劳动者的快速增长是社会形态由工业社会向信息社会转变的_____特征。

　　A．特别　　　　　　　　　　　B．基本

　　C．特殊　　　　　　　　　　　D．重要

8. 信息社会平等开放、互联互通的_____结构，使人们的社会观念有了较大改变。

　　A．扁平　　　　　　　　　　　B．垂直

　　C．网络　　　　　　　　　　　D．平行

9. _____是调整人与自然之间的行为规则，用以指导人们认识自然，并在自然规律的作用下取得有益的社会效果。

　　A．法律规范　　　　　　　　　B．行为规范

　　C．社会规范　　　　　　　　　D．技术规范

10. 国家倡导诚实守信、_____的网络行为，推动传播社会主义核心价值观，采取措施提高全社会的网络安全意识和水平，形成全社会共同参与建设网络安全的良好环境。

    A．自由平等   B．团结互助

    C．健康文明   D．和平友爱

（二）填空题

1．掌握_____、增强_____、提升_____、树立正确的信息社会_____和_____，已成为现代社会对高素质技术技能型人才的基本要求。

2．信息是指通信系统传输和处理的_____，泛指人类社会传播的一切内容。

3．信息技术与人类的生产、生活交汇融合，不仅改变了人类社会的生产、生活形态，也催生了现实空间与虚拟空间并存的_____。

4．信息技术教育是在以信息技术为工具的前提下，对_____信息化，实现教师教、学生学的教与学的优化过程。

5．信息社会的信息文化是以信息技术为支撑的新文化形态，与其他文化一样也涵盖_____、_____、_____和_____四大层面。

6．信息社会的经济以_____、_____为主导，有别于农业社会的_____和工业社会的_____。

7．信息道德的三个层次分别是_____、_____、_____。

8．印刷技术使书籍、报刊等成为重要的信息_____和_____媒体。

9．计算机的换代标志主要是_____的器件变化和_____的变化。

10．信息社会的信息资源改变了_____条件，催生了新型的生产关系。

（三）简答题

1．信息社会的主要特征是什么？

2．为什么说信息技术是经济社会发展的主要驱动力？

3．中国对人类信息技术发展的历史性贡献有哪些？

4．信息社会在经济领域的表现特征有哪些？

5．信息社会在生产、生活和文化方面的表现特征有哪些？

6．信息文化的主要特征表现有哪些？

7．什么是网络道德？为什么会提出网络道德？

8．信息道德包含哪些方面？

9. 信息立法的主要作用是什么？

（四）判断题

1. 信息技术也常被称为信息和通信技术。 　　　　　　　　　　（　　）
2. 计算机与现代通信技术的有机结合，产生了新的社会形态。 　　（　　）
3. 凡是能够扩展人的信息器官功能的技术，都可以称作信息技术。 （　　）
4. 学生自己规划外出行程，可以达到强化计算思维、提升信息素养的目的。 （　　）
5. 现在人们足不出户就能解决日常生活中的一切难题。 　　　　　（　　）
6. 信息技术与商业贸易深度融合，使全球经济一体化逐步形成。 　（　　）
7. 网络道德则是随着计算机、互联网等现代信息技术出现的新要求。 （　　）
8. 社会规范是调整人与人之间社会关系的行为规则。 　　　　　　（　　）
9. 传统的社会伦理道德，能够应对个人隐私、信息安全、信息共享等问题。 （　　）

（五）操作题（写出操作要点，记录操作中遇到的问题和解决办法）

1. 收集信息社会人们工作、生活的典型应用场景资料，针对具体场景谈谈自己在类似的活动中如何践行社会主义核心价值观。

2．收集信息社会经济领域表现特征的相关资料，试从节能减排的角度说明信息社会的优势。

3．收集信息社会生产的典型案例，说明信息社会生产的发展趋势。

4．收集数字化生活资料，说说你理解的数字化生活。

5．收集信息垄断的案例，说说信息垄断的危害。

四、任务考核

完成本任务学习后达到学业质量水平一的学业成就表现如下。

（1）能清晰说明人类信息技术的发展历程。

（2）能清晰说明计算机的发展历程。

（3）能举例说明信息技术对人类生产、生活的影响。

（4）能正确讲述信息技术对人类社会发展的积极作用，也能举例说明存在的负面问题。

完成本任务学习后达到学业质量水平二的学业成就表现如下。

（1）能举例说明信息技术在自己所学专业领域的具体应用。

（2）能使用真实案例对比说明信息技术应用在生产活动中的重要性。

任务 2　认识信息系统

◆　**知识、技能练习目标**

了解信息系统组成；

了解二进制、十进制及十六进制的转换方法；

了解信息编码的常见形式和存储单位的概念，会进行存储单位的换算。

◆　**核心素养目标**

提高数字化学习能力；

发展计算思维。

◆ **课程思政目标**

了解中国对计算机技术发展的贡献，增强民族自豪感；

深刻认识汉字蕴含的智慧，增强文化自信。

一、学习重点和难点

1．学习重点

（1）信息系统的组成；

（2）信息存储。

2．学习难点

（1）数制和数制转换；

（2）信息编码。

二、学习案例

案例 1：超级计算机

通过学习小华知道超级计算机是指能够处理一般个人计算机无法处理的巨大的数量资料与执行高速运算的计算机。其基本组成组件与个人计算机的无太大差异，但规格与性能则强大许多，是一种超大型电子计算机，具有很强的计算和处理数据的能力。它的主要特点表现为高速度和大容量，配有多种外部和外围设备及丰富的、高性能的软件系统。现有的超级计算机运算速度大都可以达到每秒万亿次以上。

超级计算机是计算机中功能最强、运算速度最快、存储容量最大的一类计算机，多用于国家高科技领域和尖端技术研究，是一个国家科研实力的体现，是国家科技发展水平和综合国力的重要标志。它对国家安全、经济和社会发展具有举足轻重的意义。

小华在深入思考以下问题：

（1）中国的超级计算机在世界处于什么地位？发展过程如何？

（2）中国的超级计算机主要应用在哪些领域？

案例 2：高速缓冲存储器

小华知道高速缓冲存储器（Cache）其原始意义是指存取速度比一般随机存取存储器（RAM）更快的一种 RAM，通常它不像系统主存储器那样使用 DRAM 技术，而使用昂贵但较快速的 SRAM 技术，因此也称为高速缓存。

高速缓冲存储器是存在于主存与 CPU 之间的一级存储器，由静态存储芯片（SRAM）组成，容量比较小但速度比主存高得多，接近于 CPU 的速度。在计算机存储系统的层次结构中，是介于中央处理器和主存储器之间的高速小容量存储器。它和主存储器一起构成一级存储器。高速缓冲存储器和主存储器之间信息调度和传送由硬件自动进行。

小华在深入思考以下问题：

（1）在计算机存储体系中增加高速缓存解决了 CPU 和存储器速度匹配问题吗？

（2）与高速缓存有关的技术有哪些？

三、练习题

（一）选择题

1. 基于现代信息技术的信息系统经历了_____个发展阶段。

　　A．3　　　　　　B．4　　　　　　C．5　　　　　　D．6

2. 早期计算机的硬件结构以_____为中心。

　　A．控制器　　　　　　　　　　B．运算器

　　C．存储器　　　　　　　　　　D．管理器

3. 现在的计算机硬件结构已转向以_____为中心。

　　A．管理器　　　　　　　　　　B．控制器

　　C．存储器　　　　　　　　　　D．运算器

4. 内存储器主要存放当前_____的程序和程序临时使用的数据。

　　A．不需要　　　　　　　　　　B．暂不执行

　　C．输出　　　　　　　　　　　D．正在运行

5. 计算机硬件系统中最核心的部件是_____。

　　A．主板　　　　　　　　　　　B．CPU

　　C．RAM　　　　　　　　　　　D．I/O 设备

6. 十进制数 19 转换成二进制数是_____。

　　A．10011　　　　　　　　　　B．11011

　　C．10101　　　　　　　　　　D．10001

7. 二进制数 0.101 转换成十进制数是_____。

　　A．0.627　　　　　　　　　　B．0.628

　　C．0.625　　　　　　　　　　D．0.626

8. _____就是用一组特定的符号表示数字、字母或文字。

　　A．信息代码　　　　　　　　　B．信息编码

C．信息组合　　　　　　　　　D．信息数字

9．为了解决存储器速度、容量和价格的矛盾，计算机存储系统通常采用_____个存储层次，_____级存储结构。

　　A．二、三　　　　　　　　　B．二、一

　　C．三、三　　　　　　　　　D．三、二

10．人们规定 8 位二进制数为一个字节（Byte），用 B 表示，一个字节对应计算机中的一个_____。

　　A．存储字长　　　　　　　　B．二进制单元

　　C．字符　　　　　　　　　　D．存储单元

（二）填空题

1．基于现代信息技术的信息系统经历了简单的_____、孤立的_____、集成的_____3 个发展阶段。

2．计算机软件是计算机运行所需要的_____及其_____。

3．信息处理规则是_____、_____所遵循的法则。

4．计算机是由_____、_____、_____、_____和_____组成的一个庞大的家族。

5．采用若干位二进制码来表示 1 位十进制数的编码方法称为_____，简称_____码。

6．一个 n 位的二进制编码有_____种不同的 0、1 组合，每种组合都可以代表一个编码的元素。

7．通用的 ASCII 码是一种用_____位二进制表示的编码，字符集共包含_____个字符。

8．汉字编码方法主要分为 4 类，分别是_____、_____、_____和_____。

9．汉字字形码是表示汉字字形的字模数据，通常用_____、_____等方式表示。

（三）简答题

1．为什么计算机的硬件结构从以运算器为中心转向以存储器为中心？

2．计算机处理数据包含哪些过程？

3．计算机是如何做到自动连续运行的？

4．信息系统和计算机系统有何不同？

5．在学习计算机的过程中引入不同进位计数制的目的是什么？

6．计算机为什么要使用二进制计数？

7．为什么要对计算机处理的信息进行编码？

8．如何对信息进行编码？对汉字编码有哪些难点？

9．为什么在计算机系统中有硬盘、内存等多个存储器？

（四）判断题

1．基于现代信息技术的信息系统是以处理信息流为目的的人机一体化系统。　　（　　）

2．数据通信设备是用于数据通信的交换设备、传输设备和终端设备的总称。　　（　　）

3．计算机处理数据的过程也是人机共同对数据的加工过程。　　（　　）

4．存储器是计算机的记忆存储部件，用来存放程序指令和数据。　　（　　）

5．计算机的工作原理可以概括为存储程序控制。　　（　　）

6．"数制"指进位计数制，一个数只能采用一种进位计数制来计量。　　（　　）

7．汉字内部码是供计算机系统内部处理、存储、传输时使用的代码。　　（　　）

8．一个英文字符占 1 字节，一个汉字字符占用 2 字节。　　（　　）

9．辅助存储器（简称辅存）是主存的后援存储器，用来存放当前暂时不用的程序和数据，它不能与 CPU 直接交换信息。　　（　　）

（五）操作题（写出操作要点，记录操作中遇到的问题和解决办法）

1. 收集中国超级计算机发展的相关资料，说说超级计算机的应用对科技进步的影响。

2. 将十进制数（215.65）$_{10}$分别转换成二进制、八进制和十六进制数。

3. 将二进制数（111100.101101）$_2$分别转换成八进制、十进制和十六进制数。

4．试给一位十进制数编码，并说明编码的理由。

5．收集汉字编码的相关资料，说说解决计算机处理汉字所蕴含的中国智慧。

6．收集计算机内存的相关资料，说说计算机内存和计算机速度的关系。

四、任务考核

完成本任务学习后达到学业质量水平一的学业成就表现如下。

（1）能清晰说明信息系统的基本组成，并说明各部分的具体作用。

（2）能举例说明信息处理的完整过程。

（3）会进行二、八、十、十六进制数的转换。

（4）会进行存储单位换算。

完成本任务学习后达到学业质量水平二的学业成就表现如下。

（1）能够对实际问题进行分析，提出利用信息技术解决问题的工作方案。

（2）会利用网络工具收集信息、帮助解决遇到的工作难题。

任务 3　选用和连接信息技术设备

◆　**知识、技能练习目标**

能识别常见信息技术设备，了解设备类型和特点；

能描述常见信息技术设备主要性能指标的含义，能根据需求选用合适的设备；

能正确连接计算机、移动终端和常用外围设备，并将信息技术设备接入互联网；

了解计算机和移动终端等常见信息技术设备基本设置的操作方法，会进行常见信息技术设备的设置。

◆　**核心素养目标**

增强信息意识；

发展计算思维；

提高数字化学习与创新能力。

◆　**课程思政目标**

爱国敬业、安全操作；

大力弘扬工匠精神。

一、学习重点和难点

1. 学习重点

（1）信息技术设备；

（2）计算机和移动终端基本操作；

（3）信息技术设备联网。

2．学习难点

（1）信息技术设备合理选用；

（2）信息技术设备合理设置。

二、学习案例

案例 1：智能移动设备的安全设置

智能移动设备应用越来越普及，其中涵盖的个人信息也越来越重要，不但有个人通信的各种信息，更有一些与个人资产有关的金融信息，若出现安全问题后果无法预料。通过调查，小华了解到普通用户在移动设备的使用中，通常仅设置 SIM 卡 PIN 码、手机密码。实际上智能手机提供的安全功能有很多，如文件保密、防伪基站、密码保险箱等，若能很好使用这些功能，手机的应用安全性会有极大提升。

小华在深入思考以下问题：

（1）如何提高大家对智能手机安全性的认识？

（2）如何有针对性地解决好手机安全设置问题？

案例 2：打印机选购

打印机是办公环境中最常用的设备之一，它能将计算机编辑的字符、汉字、表格、图像等信息以单色或彩色的形式印刷在纸上，满足使用纸张保存或传送信息的办公要求。有人咨询小华，如何才能买到性价比最高的打印机。打印机的种类和型号繁多，仅从满足应用要求的角度考虑，选购打印机并不是难事，但要选择一款既满足工作要求又节约开支的打印机，却是需要仔细斟酌的复杂工作。不同的打印机可以适用于不同的办公要求，需要支付的消耗材料费用和工作效率也不同，因此，了解打印需求是确定购买何种型号打印机的前提条件，在满足打印要求的基础上尽量降低打印成本则是购买打印机的最终目标。

了解办公用打印机需求最简单、最直接的方法就是制作打印机应用需求调查表，让打印机的使用者填写，然后根据表格信息提取用户需求。用于了解用户打印机需求的调查表至少应包含打印机的用途、打印的质量要求、打印的数量等。从调查表中提取经用户确认的信息，并以准确的语言描述打印机基本需求，形成明确的打印机购置目标。

小华在深入思考以下问题：

（1）如何制作打印机应用需求调查表？

（2）哪种打印机最适合家用，为什么？

三、练习题

（一）选择题

1. 将人能识别的信息转换成计算机能识别的信息的设备是_____设备。

    A. 信息   B. 输入   C. 输出   D. 处理

2. 将计算机能识别的信息转换成人能识别的信息的设备是_____设备。

    A. 信息   B. 输入   C. 输出   D. 处理

3. 以下不属于 USB 接口的是_____。

    A. B-4Pin   B. B-8Pin   C. Type-C   D. IDE

4. 基于击打式工作原理的打印机是_____。

    A. 针式打印机   B. 喷墨打印机

    C. 激光打印机   D. 3D 打印机

5. 大型超市打印客户购物清单的打印机是_____。

    A. 针式打印机   B. 喷墨打印机

    C. 激光打印机   D. 3D 打印机

6. 打印量较大时，打印成本最低的打印机是_____。

    A. 针式打印机   B. 喷墨打印机

    C. 激光打印机   D. 3D 打印机

7. 使用扫描仪扫描得到的是_____。

    A. 光栅图像   B. 光栅图形

    C. 矢量图形   D. 矢量图像

8. U 盘属于_____设备。

    A. 输入   B. 输出   C. 输入和输出   D. 电磁

9. 计算机主机是指_____。

    A. 计算机的主机箱   B. 运算器和输入/输出设备

    C. 运算器和控制器   D. CPU 和存储器

（二）填空题

1. 运算器一次并行处理的二进制位数称为_____。

2. CPU 也称_____，包括_____和_____。

3. 微型计算机系统也是由_____和_____两大部分组成的。

4．计算机软件系统包括_____和_____。

5．智能手机是指具有_____、安装有多种_____、通过_____实现无线网络接入的手机。

6．扫描仪主要由_____部分、_____部分和_____部分组成。

7．USB 口鼠标和无线鼠标的适配器需要与主机的_____接口连接。

8．U 盘是一种基于_____接口的微型高容量活动盘。

9．硬盘与计算机连接的接口类型主要有_____、_____两种。

（三）简答题

1．控制打印成本的最佳策略是什么？

2．为什么办公环境常选用激光打印机？家庭多用喷墨打印机？

3．常用的信息存储设备有哪些？各有什么特点？

4．简述固态硬盘的基本工作原理。

5．购买计算机硬盘时应考虑的问题有哪些？

6．选购 U 盘或移动硬盘时应考虑哪些问题？

7．精益求精的工作态度会对设备选购、安装产生哪些直接影响？

（四）判断题

1．计算机的字长越长，处理信息的效率越高，计算机的功能也就越强。　　（　　）

2．系统软件是指管理、监控和维护计算机资源的软件。　　（　　）

3．应用软件是指为专门为用户提供的或有专门用途的软件，也是用户利用计算机解决各种实际问题而编制的计算机程序。　　（　　）

4．USB 口鼠标和无线鼠标的适配器不需要与主机的 USB 接口连接。　　（　　）

5．连接计算机外设前应关闭电源。　　（　　）

6．鼠标的主键不可以更改。　　（　　）

7．未来的手表、戒指、眼镜都有可能成为智能终端。　　（　　）

8．智能手机已经进入 5G 时代。　　（　　）

9．声卡用于接收、处理计算机中的声音信号。　　（　　）

（五）操作题（写出操作要点，记录操作中遇到的问题和解决办法）

1．收集信息技术设备发展或应用演变的相关资料，说说能够得到的启示。

2．收集计算机外设连接的相关资料，总结不同设备连接时应注意的问题。

3．收集国产操作系统的相关资料，说说发展国产操作系统的重要性。

4．收集可穿戴设备的相关资料，说说未来可穿戴设备的发展方向。

5．将移动设备作为存储器与计算机连接，说明连接时应注意的问题。

6．将移动设备联入互联网，说明联接过程应注意的问题。

四、任务考核

完成本任务学习后达到学业质量水平一的学业成就表现如下。

（1）能正确识别常见信息技术设备，清楚说明用途和特点。

（2）能根据给出的具体任务场景，正确选择信息技术设备。

（3）会正确连接计算机外设。

（4）会将移动设备联入互联网。

完成本任务学习后达到学业质量水平二的学业成就表现如下。

（1）能够自觉利用网络工具获取最新信息技术设备的相关资料。

（2）会根据不同的生产、生活场景提出不同的设备配置方案。

任务 4 使用操作系统

◆ **知识、技能练习目标**

能描述操作系统的功能，能列举主流操作系统的类型和特点；

了解主流操作系统用户界面的类型、基本元素（对象）和功能；

会进行图形用户界面操作；

会安装、卸载应用程序和驱动程序；

了解常用中英文输入方法，能熟练运用一种中文输入法进行文本和常用符号输入，会使用语音识别、光学识别等工具输入文本；

了解操作系统自带的常用程序的功能和使用方法。

◆ **核心素养目标**

提高数字化学习能力；

发展计算思维。

◆ **课程思政目标**

了解中国国产操作系统，提高对高科技自主研发重要性的认识；

深刻理解中国创造的内涵，树立整体国家安全观。

一、学习重点和难点

1．学习重点

（1）操作系统功能；

（2）图形用户界面操作；

（3）信息输入；

（4）操作系统自带的程序使用。

2．学习难点

（1）程序的安装与卸载；

（2）信息的快速、正确输入。

二、学习案例

案例 1：安装 VMware 虚拟机

为了学习操作系统安装，小华决定用虚拟机软件搭建一个虚拟机环境。VMWare 虚拟机软件是一个"虚拟 PC"软件，它可以在一台机器上同时运行两个或更多 Windows、DOS、Linux 系统，每个操作系统都有自己独立的一个虚拟机，如同网络上一个独立的 PC。

安装虚拟机的操作过程：官网下载虚拟机安装包→打开虚拟机安装包→运行安装程序→选择安装类型、设置安装路径、设置快捷方式→输入许可证密钥→向导指引完成安装。

完成安装后，重新启动计算机，打开【网络和共享中心】界面，可以看到 VMware Workstation 添加的两个网络连接。打开【设备管理器】界面，展开【网络适配器】选项，可以看到其中添加的两块虚拟网卡。

配置 VMware 虚拟机的操作过程：运行 VMware Workstation→选择配置类型（如"典型"）→选择安装来源→选择客户机操作系统→输入虚拟机名称→选择存放位置→指定磁盘大小、选择虚拟机存储形式→单击【完成】按钮即可完成虚拟机创建。

完成创建后，进入虚拟机存放路径，可以看到已经命名的虚拟机文件。

小华在深入思考以下问题：

（1）不同的虚拟机软件有什么差别？

（2）在什么情况下需要使用虚拟机？

案例 2：安装操作系统

完成虚拟机的安装后，小华查阅相关资料，开始尝试安装 Windows 操作系统。

安装虚拟操作系统的具体操作步骤：进入 VMware 主窗口→打开虚拟机安装文件→选中"Windows 7.vmx"→单击"我的电脑"→Windows 7→单击"编辑虚拟机设置"→选择"CD/DVD（SATA）"→选择"连接"中的其中一个→单击"确定"返回 VMware 主界面→选择 Windows 7 操作系统语言→按向导指示即可完成虚拟机系统的安装。

小华在深入思考以下问题：

（1）安装操作系统过程需要注意哪些问题？

（2）安装多个操作系统的好处有哪些？

三、练习题

（一）选择题

1. 不是智能移动终端操作系统的是_____。

   A．Android   B．DOS

   C．iOS   D．Harmony OS

2. 使用键盘不能向计算机输入的信息是_____。

   A．数字   B．英文

   C．汉字   D．声音

3. 计算机操作系统在_____代计算机应用过程中开始形成。

   A．第一   B．第二

   C．第三   D．第四

4. 操作系统是_____的接口。

   A．用户与软件   B．用户与硬件

   C．主机与外设   D．系统软件与应用软件

5. 不是个人计算机操作系统的是_____。

   A．Android   B．Windows

   C．UNIX   D．Linux

6. 不是 Windows 10 程序窗口的是_____。

   A．标题栏   B．任务栏

   C．菜单栏   D．地址栏

（二）填空题

1. Windows 的桌面由_____、_____和_____等组成。

2. 鸿蒙操作系统是华为开发的_____操作系统。

3. 主流操作系统常用的用户界面有_____方式和_____操作。

4. 鼠标的_____操作就是控制鼠标指针移动，使鼠标指针指向特定目标的操作。

5. 使用扫描仪可以将_____、_____或_____纸质文档转换成图像。

6. 清除智能设备中不需要的程序最好使用_____操作。

7. 操作系统_____许多常用的功能性程序。

8. 扫描输入汉字是将每个汉字转换成_____或_____，然后辨认成文字。

9. 使用键盘向计算机输入的常用信息有：_____、_____、_____、_____等。

（三）简答题

1．操作系统在计算机软件系统中扮演什么角色？发展国产操作系统的重要性有哪些？

2．计算机操作系统和手机操作系统有什么异同？

3．鼠标的单、双击操作分别适用的对象是什么？

4．如何提高汉语拼音输入法的输入速度？

5．图像识别输入汉字存在哪些问题？

6．系统自带的常用程序有哪些？

（四）判断题

1．操作系统是智能设备硬件上的第一层软件   （   ）

2．操作系统从无到有，从简单到复杂。   （   ）

3．可以使用导航窗格查找文件和文件夹。 （　　）

4．使用鼠标中间滚轮，可以在窗口中移动操作对象的上下位置，相当于移动窗口右侧的垂直滚动条。 （　　）

5．华为应用市场、腾讯软件管家等都是常用的应用程序安装利器。 （　　）

6．使用 Pad QQ 的扫描识别功能快速输入文本。 （　　）

7．使用系统自带程序的操作，与使用其他安装在系统中的程序没有太大差别。 （　　）

8．Android 操作系统是一种基于 Linux 开放源代码的操作系统。 （　　）

9．想让计算机更好地为自己服务，必须学会安装、卸载程序。 （　　）

（五）操作题（写出操作要点，记录操作中遇到的问题和解决办法）

1．收集计算机启动的相关资料，说说从计算机的启动过程能得到什么信息。

2．收集键盘和鼠标的操作资料，说说如何能更有效地利用这两种外设。

3．简述安装一款新的应用程序的操作步骤。

4．卸载计算机中不常用的程序。

5．使用拼音输入法输入汉字、数字和符号时应注意哪些问题。

6. 简述使用 Pad 将纸质文字文档转换为电子文档的操作步骤。

四、任务考核

完成本任务学习后达到学业质量水平一的学业成就表现如下。

（1）能清晰说明主流操作系统的功能。

（2）会使用鼠标、键盘操作计算机。

（3）会使用键盘输入数字、英文、汉字和符号。

完成本任务学习后达到学业质量水平二的学业成就表现如下。

（1）会安装、卸载应用程序和驱动程序。

（2）会使用语音、光学识别工具输入文本。

任务 5　管理信息资源

◆　**知识、技能练习目标**

能描述文件和文件夹的概念与作用，会运用文件和文件夹等对信息资源进行操作管理；

能辨识常见信息资源类型，会检索和调用信息资源；

会对信息资源进行压缩、加密和备份。

◆　**核心素养目标**

增强信息意识；

发展计算思维。

◆ **课程思政目标**

遵纪守法、强化法律意识；

自觉践行社会主义核心价值观。

一、学习重点和难点

1．学习重点

（1）文件管理；

（2）信息资源识别、检索；

2．学习难点

（1）信息资源高效检索、调用；

（2）信息资源备份和恢复。

二、学习案例

案例1：信息资源

小华知道信息同能源、材料并列为当今世界三大资源，但是人们对信息资源的认识并不十分清楚，重视程度也远不如能源和材料，所以他愿意花点时间帮助大家提高对信息资源的认识。

信息资源是人类社会生产和生活过程中所涉及的一切文件、资料、图表和数据等信息的总称。它涉及人类社会生产和生活过程中所产生、获取、处理、存储、传输和使用的一切信息资源，贯穿于生产、生活的全过程。信息资源广泛存在于经济、社会各个领域和部门，是各种事物形态、内在规律和其他事物联系等各种条件、关系的反映。随着社会的不断发展，信息资源对国家和民族的发展、对人们工作、生活至关重要，已成为国民经济和社会发展的重要战略资源。它的开发和利用是整个信息化体系的核心内容，关乎国家安全。

小华在深入思考以下问题：

（1）为什么人们会把信息同能源、材料并列为三大资源？

（2）信息资源存在哪些安全问题？如何才能保证信息资源的安全应用？

案例2：信息资源检索

信息社会中信息呈爆炸式增长，信息载体也发生了巨大的变化，除传统纸介质信息外，每天会有大量的网络信息，这些信息的多样性、离散性、无序性及其复杂的检索界面和使用方法，增加了信息利用的难度，极大地影响了人们获取信息的质量与效率。掌握信息检索的方法和技巧，不但有利于信息的开发与利用，更能提升信息素质，增强信息意识，激发创新能力。

小华决定尝试了解信息检索工具，提高自己信息资源检索的水平。

信息检索工具可以依据不同的标准来分类：

按载体形式划分，信息检索工具可以分为书本式检索工具、卡片式检索工具、缩微型检索工具、机读式检索工具；

按著录信息的特征分，信息检索工具可以分为目录、索引、文摘、参考工具书、搜索引擎、数据库。搜索引擎是将网络信息分门别类地组织起来，通过搜索网址的方式来实现信息检索的工具。它是一种网络检索工具，检索到的既可以是一般的信息线索，也可以是原始信息全文，既可以是一般的文本信息，也可以是多媒体信息；

按收录范围划分，信息检索工具可以分为综合性检索工具、专业性检索工具和单一性检索工具。

小华在深入思考以下问题：

（1）如何才能更好地利用搜索引擎快速检索到需要的信息？

（2）进行信息资源检索查询的好处有哪些？

三、练习题

（一）选择题

1．计算机文件的目录结构是_____。

  A．树形　　　　　　　　　　B．星型

  C．线型　　　　　　　　　　D．网状

2．按住_____键的同时可选定多个相邻的文件或文件夹。

  A．Ctrl　　　　B．Shift　　　　C．Tab　　　　D．Alt

3．按住_____键的同时可选定多个不相邻的文件或文件夹。

  A．Ctrl　　　　B．Shift　　　　C．Tab　　　　D．Alt

4．不属于图形文件名后缀的是_____。

  A．.pic　　　　B．.png　　　　C．.tif　　　　D．.rtf

5．不属于文本文件名后缀的是_____。

  A．.aif　　　　　　　　　　B．.doc

  C．.pdf　　　　　　　　　　D．.txt

6．不属于压缩文件名后缀的是_____。

  A．.rar   B．.avi

  C．.zip   D．.ar

7．在 Word 中，要使不相邻的两段文字互换位置，可进行_____操作。

  A．剪切+复制   B．剪切+粘贴

  C．剪切   D．复制+粘贴

8．在 Word 中，要使文档各段落的第一行全部空出两个汉字位，可以对文档各段落进行_____操作。

  A．首行缩进   B．悬挂缩进

  C．左缩进   D．右缩进

（二）填空题

1．计算机等智能设备以_____的形式管理信息资源。

2．使用"新建文件夹"命令，可以新建_____。

3．文件夹是_____和_____文件的一种形式。

4．使用"_____"命令可以更改文件名。

5．WPS 文件的扩展名是_____。

6．可以使用操作系统进行_____检索。

7．按住 Shift 键的同时可选定多个_____的文件或文件夹。

8．按住 Ctrl 键的同时可选定多个_____的文件或文件夹。

9．为了避免重要文件丢失、损坏，最好进行文件_____。

（三）简答题

1．如何高效管理计算机文件？

2．使用文件夹管理文件的好处有哪些？

3．移动操作和复制操作分别适用于什么场合？

4．合理选用文件类型有什么好处？

5．如何才能快速检索到自己需要的文件？

6．压缩文件的好处有哪些？

7．进行文件管理应遵循的职业操守有哪些？

（四）判断题

1．计算机等智能设备以文件夹的形式管理信息资源。 （　　）

2．文件夹是组织和管理文件的一种形式。 （　　）

3．"剪切"→"粘贴"和"复制"→"粘贴"都可以实现文件移动。 （　　）

4．不同的信息资源在计算机中的文件格式不同。 （　　）

5．不同文件格式的文件对存储空间要求差别不大。 （　　）

6．压缩工具可以把大文件压缩成一个较小的文件。 （　　）

7．压缩文件时设置一个密码可以达到保护数据的目的。 （　　）

8．操作系统允许用户进行备份和恢复操作。 （　　）

9．利用操作系统自带的搜索功能可以快速找到所需信息。　　　　　　（　　）

（五）操作题（写出操作要点，记录操作中遇到的问题和解决办法）

1．在计算机上建立自己的文件管理体系。

2．新建一个文件夹，重命名为"作业"。

3．在计算机中检索声音文件。

4．压缩"作业"文件夹，并设置"密码"。

5．收集压缩工具，对同一文件进行压缩，比较压缩结果。

6．选择重要文件备份，尝试恢复操作。

四、任务考核

完成本任务学习后达到学业质量水平一的学业成就表现如下。

（1）能举例说明计算机文件管理体系结构，会创建文件夹合理管理文件。

（2）能根据文件扩展名识别文件类型，会合理选用文件格式。

（3）能根据关键字快速检索、调用指定信息资源。

（4）会进行指定信息资源的压缩、备份和恢复操作。

完成本任务学习后达到学业质量水平二的学业成就表现如下。

（1）会合理规划完整的计算机文件管理系统。

（2）能有目的备份重要文件、系统文件，减少由文件丢失、损坏造成的损失。

任务6　维护系统

◆ **知识、技能练习目标**

能对计算机和移动终端等信息技术设备进行简单的安全设置，会进行用户管理及权限设置；

会使用工具软件进行系统测试与维护；

会应用"帮助"等工具解决信息技术设备及系统使用过程中遇到的问题。

◆ **核心素养目标**

提高信息数字化学习和创新能力；

发展计算思维。

◆ **课程思政目标**

了解信息设备安全应用的重要性，树立整体国家安全观；

强化科技意识，培养工匠精神。

一、学习重点和难点

1．学习重点

（1）信息终端安全设置；

（2）系统测试与维护；

（3）使用"帮助"。

2．学习难点

（1）高效、精准使用"帮助"；

（2）信息系统的维护。

二、学习案例

案例1：信息系统性能测试

小华想全面了解信息系统性能测试的基本方法，奠定系统测试的理论基础，全面提升系统测试技能。经过资料收集、整理、分析，小华将系统性能测试分为以下几种：

负载测试：让系统在一定的负载压力下进行正常工作，观察系统能否满足用户需求。测试指标一般为响应时间、交易容量、并发容量、资源使用率等。负载测试是最常用的性能测试方法，不少人将负载测试混淆为性能测试。

压力测试：对系统极端加压，观察系统表现性能。再对性能进行分析，达到系统优化的目的。压力测试就是一定要让系统出问题，如果系统没有出问题，那么压力测试的手段和方法就肯定存在问题。

并发测试：通过一定的并发量观察系统在该并发量的情况下所表现出来的行为特征，确定系统是否满足设计的并发需要。

基准测试：当软件系统中增加一个新的模块时，需要做基准测试，以判断新模块对整个软件系统的性能影响。按照基准测试的方法，需要打开/关闭新模块至少各做一次测试。将关闭模块之前的系统各个性能指标记下来作为基准（Benchmark），然后与打开模块状态下的系统性能指标做比较，以判断模块对系统性能的影响。

稳定性测试：长时间进行负载测试，从而观察系统的稳定性。

可恢复性测试：测试系统能否快速地从错误状态恢复到正常状态。可恢复测试通常结合压力测试一起来做。

小华在深入思考以下问题：

（1）如何完成上述几种测试？

（2）对一般用户来说，哪种测试应该排在第一位？为什么？

案例2：计算机系统性能维护

清除系统运行中发生的故障和错误，软、硬件维护人员要对系统进行必要的修改与完善；为了使系统适应用户环境的变化，满足新提出的需要，也要对原系统做些局部的更新，这些工作称为系统维护。

小华根据具体的维护工作内容，将系统维护分为以下几类。

系统应用程序维护：是指对相应的应用程序及有关文档进行的修改和完善。系统的业务处理过程通过应用程序运行实现，一旦程序发生问题或业务发生变化，就必然引起程序的修改和调整，因此系统维护的主要活动是对程序进行维护。

数据维护：数据库是支撑业务运作的基础平台，需要定期检查运行状态。业务处理对数据的需求不断发生变化，除了系统中主体业务数据的定期正常更新外，还有许多数据需要进行不定期的更新，随环境或业务变化而进行调整。

代码维护：是指对原有的代码进行的扩充、添加或删除等维护工作。

硬件设备维护：是指对主机及外设的日常维护和管理，如机器部件的清洗、润滑，设备故障的检修，易损部件的更换等，这些工作都应由专人负责，定期进行，以保证系统正常有效地工作。

小华在深入思考以下问题：

（1）哪些维护是自己可以动手完成的？哪些工作需要请专业人员完成？

（2）维护系统应考虑哪些因素？

三、练习题

（一）选择题

1. 显示器的"亮度和颜色"需要在_____窗口设置。

    A．背景　　　　　　　　　　B．颜色

    C．显示　　　　　　　　　　D．开始

2. 在"个性化"设置窗口，不可以设置_____。

    A．背景　　　　　　　　　　B．颜色

    C．主题　　　　　　　　　　D．分辨率

3. 在"登录选项"设置窗口，没有_____选项。

    A．创建头像　　　　　　　　B．安全密钥

    C．密码　　　　　　　　　　D．图片密码

4. 添加新用户是在"账户"选项的"_____"操作窗口。

    A．账户信息　　　　　　　　B．电子邮件和账户

    C．登录选项　　　　　　　　D．其他用户

5. 不属于信息系统性能测试选项的是_____。

    A．网络性能测试　　　　　　B．用户测试

    C．图像处理测试　　　　　　D．视频播放测试

6. 使用计算机的过程中，若遇到难题，可以使用系统自带的"＿＿＿＿"功能，快速查找应对难题的解决办法。

A. 帮助　　　　　　　　　　B. 查找

C. 检索　　　　　　　　　　D. 浏览

（二）填空题

1. 在"设备"设置操作窗口，可以选择"＿＿＿＿"设置鼠标的＿＿＿＿、＿＿＿＿。

2. 在"设备"设置操作窗口，可以选择"＿＿＿＿"设置＿＿＿＿键盘和＿＿＿＿键盘。

3. 不做用户权限限制，无法限制越权使用，＿＿＿＿安全可能失控。

4. 多个用户使用同一个智能设备时，需要对使用者进行＿＿＿＿分配。

5. 如果没有专门的测试工具，可以考虑使用系统＿＿＿＿测试工具评估系统性能。

6. 打开"资源监视器"窗口，可以查看＿＿＿＿、＿＿＿＿等情况。

7. 系统维护中最简单的一种方法是＿＿＿＿清理。

（三）简答题

1. 为什么说配置信息终端是使用信息系统的前期工作？

2. 对使用的计算机进行个性化设置的好处有哪些？

3．不进行用户权限管理可能出现什么问题？

4．常见的系统测试操作有哪些？

5．为什么需要进行信息系统维护？

6．使用系统"帮助"的好处有哪些？

7．为什么说没有网络安全就没有国家安全？

（四）判断题

1．合理配置信息终端可以得到更好的操作体验。　　　　　　　　　　　（　　）

2．信息终端是人机交互设备。　　　　　　　　　　　　　　　　　　　（　　）

3．鼠标的左右键操作不可以调整。　　　　　　　　　　　　　　　　　（　　）

4．计算机桌面允许个性化设置。　　　　　　　　　　　　　　　　　　（　　）

5．设置用户权限是安全应用信息系统的重要基础。　　　　　　　　　　（　　）

6．更改用户权限在完成设置后立即生效。　　　　　　　　　　　　　　（　　）

7．移动终端提供有隐私保护功能，开启后可以提供隐私保护。　　　　　（　　）

8．磁盘清理操作可以不经用户同意删除文件。　　　　　　　　　　　　（　　）

9．使用系统自带的"帮助"功能可以解决使用中遇到的所有难题。　　　（　　）

（五）操作题（写出操作要点，记录操作中遇到的问题和解决办法）

1．调整显示器的分辨率，设置个性化桌面。

2．调换鼠标主键和光标大小。

3．设置一个新用户，并合理分配其权限。

4．进行手机安全设置，并说明设置后的作用。

5．收集系统测试工具，尝试对相关设备进行测试。

6．使用关键词进行信息检索，对比检索结果。

四、任务考核

完成本任务学习后达到学业质量水平一的学业成就表现如下。

（1）会按要求设置计算机显示器、键盘和鼠标。

（2）会添加新用户并合理设置权限。

（3）会使用系统自带的工具进行系统测试，并分析测试结果。

（4）会使用系统"帮助"。

完成本任务学习后达到学业质量水平二的学业成就表现如下。

（1）能根据应用需求分类管理用户。

（2）会处理信息系统常见故障，会开展系统日常维护工作。

第2章 网络应用

本章共分 6 个任务，任务 1 强化网络基本概念，帮助学生全面了解互联网发展历程，理解网络技术基本框架，筑牢理论基础。任务 2 提升配置网络操作技能，帮助学生熟练网络连接操作，熟悉简单网络故障排除技巧。任务 3 提高网络资源获取能力，树立依规、合法使用网络资源的意识。任务 4 强化网络交流和信息发布能力，倡导正确的网络文化导向，弘扬社会主义核心价值观。任务 5 强化网络工具运用能力，提高网络学习、生活效率，培养团结协作意识。任务 6 深入了解物联网，帮助学生全面认知智慧城市，体验与人类生产、生活密切关联的典型物联网应用场景。

任务 1　认知网络

◆ **知识、技能练习目标**

了解网络技术的发展；
能描述互联网对组织及个人的行为、关系的影响，了解与互联网相关的社会文化特征；
了解网络体系结构、TCP/IP 协议和 IP 地址的相关知识，会进行相关的设置；
了解互联网的工作原理。

◆ **核心素养目标**

增强信息意识；
发展计算思维；
强化信息社会责任。

◆　**课程思政目标**

遵纪守法、明理守信；

自觉践行社会主义核心价值观。

一、学习重点和难点

1．学习重点

（1）计算机网络体系结构；

（2）TCP/IP 协议；

（3）IP 地址设置。

2．学习难点

（1）子网划分；

（2）互联网工作原理。

二、学习案例

案例 1：IPv6（互联网协议第 6 版）

教材中讲解的 IP 地址都是基于 IPv4 的，小华早就听说过互联网协议要逐渐过渡到 IPv6，这两者有什么差别呢？小华决定查询相关资料了解 IPv6 在中国推行的进度。

IPv6 是互联网工程任务组（IETF）设计的用于替代 IPv4 的下一代 IP 协议，有人夸张地说，其地址数量可以使全世界的每一粒沙子都拥有一个地址。

IPv4 网络地址资源不足的问题，严重制约了互联网的应用和发展。使用 IPv6，不仅能解决网络地址资源数量的问题，也能克服多种接入设备联入互联网的障碍。

2017 年 11 月 26 日，中共中央办公厅、国务院办公厅印发《推进互联网协议第六版（IPv6）规模部署行动计划》。

2019 年 4 月 16 日，工业和信息化部发布《关于开展 2019 年 IPv6 网络就绪专项行动的通知》。

2020 年 3 月，工业和信息化部发布《关于开展 2020 年 IPv6 端到端贯通能力提升专项行动的通知》，要求到 2020 年末，IPv6 活跃连接数达到 11.5 亿。

小华在深入思考以下问题：

（1）从 IPv4 过渡到 IPv6 会出现哪些问题？

（2）推进 IPv6 对中国的发展有什么促进作用？

案例 2：子网划分

小华知道划分子网可以解决局域网 IP 地址不足的问题，但对其中的许多细节问题并不十分清楚，他想花时间深入学习相关知识。

子网划分是通过借用 IP 地址的若干位主机位充当子网地址的方法，进而将原网络划分为若干子网。划分子网时，随着子网地址借用主机位数的增多，子网的数目随之增加，而每个子网中的可用主机数逐渐减少。

以 C 类网络为例，原有 8 位主机位，2^8-2 即 254 个可用主机地址，默认子网掩码为 255.255.255.0。借用 1 位主机位，产生 2 个子网，每个子网有 126 个主机地址；借用 2 位主机位，产生 4 个子网，每个子网有 62 个主机地址……在每个子网中，第一个 IP 地址（主机部分全部为 0 的 IP）和最后一个 IP（主机部分全部为 1 的 IP）不能分配给主机使用，所以每个子网的可用 IP 地址数为总 IP 地址数量减 2；根据子网 ID 借用的主机位数，我们可以计算出划分的子网数、子网掩码、每个子网主机数。

子网划分的方法是借助于减少主机位，将减少的部分作为子网位，也就意味着子网划分越多，每个子网容纳的主机数量就越少。

子网掩码可以用于辨别 IP 地址中哪部分为网络地址，哪部分为主机地址。子网掩码由 1 和 0 组成，长 32 位，其对应网络地址的所有位置都为 1，对应主机地址的所有位置都为 0。由于不是所有网络都需要子网，因此引入默认子网掩码的概念，A 类、B 类、C 类 IP 地址的默认子网掩码分别为 255.0.0.0、255.255.0.0、255.255.255.0。

小华在深入思考以下问题：

（1）什么情况下需要划分子网？具体工作流程是什么？

（2）划分子网时可能遇到什么问题？

三、练习题

（一）选择题

1. 计算机网络最突出的优点是_____。
   A. 共享软、硬件资源　　　　　　B. 运算速度快
   C. 可以相互通信　　　　　　　　D. 内存容量大

2. 计算机网络是计算机技术和_____相结合的产物。
   A. 系统集成技术　　　　　　　　B. 网络技术
   C. 微电子技术　　　　　　　　　D. 通信技术

3．以下关于计算机网络的描述，正确的是_____。

    A．组建计算机网络的目的是实现局域网的互联。

    B．接入网络的计算机都必须使用同样的操作系统。

    C．网络必须采用具有全局资源调度能力的分布式操作系统。

    D．互联的计算机是分布在不同地理位置的多台独立的自治计算机系统。

4．一般情况下，计算机网络可以提供的功能有_____。

    A．资源共享、综合信息服务　　B．信息传输与集中处理

    C．均衡负荷与分布处理　　　　D．以上都是

5．计算机网络的 IP 地址分为_____类。

    A．3　　　　　B．4　　　　　C．5　　　　　D．6

6．TCP/IP 协议结构按其功能分为_____层。

    A．三　　　　　B．四　　　　　C．五　　　　　D．六

7．网络扩展相对较难的网络结构是_____。

    A．总线形　　　　　　　　　　B．环型

    C．树型　　　　　　　　　　　D．星型

8．对于网上的谣言信息应采取的态度是_____。

    A．不信、不传　　　　　　　　B．告诉朋友

    C．继续关注　　　　　　　　　D．交流讨论

9．能标识互联网主机的是_____。

    A．用户名　　　　　　　　　　B．IP 地址

    C．用户密码　　　　　　　　　D．使用权限

（二）填空题

1．计算机网络资源包括_____、_____和_____等。

2．中国网民数量、宽带网民数量及中文域名数量居世界_____。

3．局域网的覆盖范围较小，一般不超过_____。

4．总线形网络对总线故障_____。

5．在 OSI 模型中负责通信子网的流量和拥塞控制的是_____层。

6．_____协议负责与远程主机可靠联接，_____协议负责寻址。

7．IPv4 的 IP 地址由_____位二进制数组成。

8．C 类地址最多可容纳_____台主机。

9．IPv6 的地址长度为_____位，是 IPv4 地址长度的_____倍。

（三）简答题

1．网络文化中有哪些糟粕需要去除？

2．互联网对人的行为有哪些影响？

3．互联网的文化特征有哪些具体表现？

4. OSI 与 TCP/IP 模型的对应关系是什么?

5. IP 地址为什么要从现在的 IPv4 过渡到 IPv6?

6. 域名解析的作用是什么?

（四）判断题

1. 计算机联网的主要目的就是实现资源共享和信息交换。 （　　）

2. 互联网的虚拟性使任何人都可以在网上为所欲为。 （　　）

3. 互联网技术扩大了人们交际的范围，拓宽了交流的渠道。 （　　）

4. 网络体系结构是指计算机网络层次结构模型和各层协议的集合。 （　　）

5. 为了实现互联网中不同主机之间的通信，需要给每台主机配置唯一的 IP 地址。

（　　）

6. IP 地址采用"网络号+主机号"的结构进行地址标识。 （　　）

7. TCP/IP 协议是同构网络之间互联的一种网络协议。 （　　）

8. 物理层采用的 MAC 地址是全网唯一的物理地址。 （　　）

9. IP 地址中的 D 类地址为组播地址。 （　　）

（五）操作题（写出操作要点，记录操作中遇到的问题和解决办法）

1. 收集互联网中存在的个人不良行为的相关资料，说明抵制不良行为的必要性。

2. 收集中国互联网发展的相关资料，说明互联网发展对社会生产、生活的影响。

3．收集域名解析的相关资料，说明域名解析的重要性。

4．给一个包含销售、售后、财务、人事四个部门，50 人以下的公司设计网络建设方案（划分子网、分配 IP 地址）。

5．给一个包含研发、销售、售后、财务、人力资源、后勤服务六个部门，50～100 人的公司设计网络建设方案（划分子网、分配 IP 地址）。

四、任务考核

完成本任务的学习后达到学业质量水平一的学业成就表现如下。

（1）能举例说明互联网对人类社会的影响。

（2）能清晰描述互联网影响下的社会文化特征。

（3）能说明 IP 地址的分类，会设置网络 IP 地址。

完成本任务的学习后达到学业质量水平二的学业成就表现如下。

（1）能举例说明 OSI 模型与互联网层次结构的对应关系。

（2）能清晰说明互联网的基本工作原理。

任务 2　配置网络

◆　知识、技能练习目标

了解常见网络设备的类型和功能，会进行网络的连接和基本设置，能判断和排除简单网络故障。

◆　核心素养目标

发展计算思维；
提高数字化学习能力。

◆　课程思政目标

培育职业道德；
深化工匠精神。

一、学习重点和难点

1. 学习重点

（1）网络设备的类型和功能；

（2）网络连接和设置。

2. 学习难点

（1）网络故障识别；

（2）网络故障排除。

二、学习案例

案例 1：常见的网络故障

若网络在运行过程中出现故障就会影响正常使用，因此快速识别、排除故障是对高水平网络应用者的基本要求。小华决定在常见网络故障识别上下功夫，经过查找资料和应用实践积累，他总结出最常见的几种网络故障原因。

1. 不能访问网站

造成用户不能访问网站的原因很多。用户自己可以检查、修正的问题有网络地址错误、网线连接不正确、IP 地址设置错误等，通过逐项修正错误可以解决这些问题。

2. 网速过慢

如果自联网之初网速就一直很慢，很可能是计算机配置过低造成的，当然网络线路出现干扰、接入工艺有瑕疵等也可能导致网速降低，用户可逐项进行检测判断。如果在应用一段时间后出现网速下降，则应考虑网络病毒入侵、系统空间占有过多等问题。

3. 访问窗口打不开

若安装有拦截软件，该软件可能阻断某些操作，从而导致访问窗口打不开。注意观察屏幕提示，取消拦截即可解决问题。若出现网卡故障、网卡未驱动、线路连接故障等问题时，同样打不开访问窗口。

小华在深入思考以下问题：

（1）如何判断故障是自己控制范围内的问题，还是远程问题？

（2）哪些故障是自己不会查找和解决的？

案例 2：排除网络不通的基本方法

小华发现许多故障都是由网络不通造成的，因此解决网络不通成为排除故障的首要问题。排除网络不通需从网卡开始，逐步向网卡的两边扩展，查找故障点。

1. 根据网卡指示灯判断故障

网卡的两个指示灯分别为连接状态指示灯和信号传输指示灯，正常状态下连接状态指示灯呈绿色并且长亮，信号指示灯呈红色，正常时不停闪烁。

如果连接状态指示灯（绿灯）不亮，则表示网卡与交换机之间的连接有故障，可以使用测试仪分段排除。如果从交换机到网卡之间有多个模块，则可以使用二分法快速定位。造成这种故障的原因多是网线没有接牢、使用了劣质水晶头等，故障点基本都是连接的两端问题。

如果信号指示灯不亮，则说明没有信号传输。使用替换法将连接 A 计算机的网线换到 B

计算机上，如果有信号传送则认为是 A 计算机本地网卡有问题。网卡故障导致没有信息传送是比较普遍的故障。此时可检查网卡安装是否正常、IP 地址设置是否正确。也可尝试 Ping 本机 IP 地址，如果能够 Ping 通则说明网卡没有太大问题；如果 Ping 不通，则可以尝试重新安装网卡驱动。

2. 防火墙导致网络不通

为了保障局域网安全，很多计算机都安装有防火墙。判断是否因安装防火墙导致的故障时，可将防火墙暂时关闭，然后检查故障是否依然存在。若是因防火墙导致网络不通，则可以在防火墙设置中去除限制。

3. 配置错误导致网络不通

若故障表现是网络指示灯正常，也能够 Ping 通，有时可以访问内网资源，但无法访问外网资源，有时只能通过 IP 地址访问网站，不能通过域名访问，这就是典型的因网络配置不当造成的问题，即没有配置正确的网关和 DNS。如果网关配置错误，则该台计算机只能在局域网内部访问资源；如果 DNS 配置错误，访问外部网站时不能进行解析，只能通过 IP 地址访问网站。只需要打开本地连接的属性窗口，在"Internet 协议版本 4（TCP/IP 4）属性"窗口中，配置正确的默认网关和 DNS 服务器地址即可解决问题。

网络不通是一个复杂多变的情况，只有了解网络构建的关键点，熟悉故障易发点，才能尽快解决网络不通问题。

小华在深入思考以下问题：

（1）替换法可以适用什么样的场合？

（2）集成网卡损坏该怎么办？

三、练习题

（一）选择题

1. 网络适配器又称_____，是一块插在 PC 扩展槽中的插件板。

    A．网卡   B．调制解调器   C．网桥   D．网点

2. 计算机局域网常用的数据传输介质有光缆、同轴电缆和_____。

    A．光纤   B．微波   C．双绞线   D．红外线

3. 在有线网络传输介质中，具有传输距离远、速率高、电子设备不易监听特点的是_____。

    A．光纤   B．同轴电缆   C．双绞线   D．电话电缆

4. 无线广域网多使用_____通信方式。

    A．电磁波   B．红外线   C．紫外线   D．微波

5. 不属于二层交换机功能的是_____。

　　A．物理编制　　B．数据转发　　　C．路由控制　　　D．差错检测

6. 不属于网络硬件故障的是_____。

　　A．设备损坏　　B．设备冲突　　　C．网络拥塞　　　D．设备未驱动

7. 互联网采用的协议类型是_____。

　　A．TCP/IP　　　B．X.25　　　　　C．IEEE802.2　　D．IPX/SPX

8. TCP/IP 的含义是_____。

　　A．局域网传输协议　　　　　　　B．拨号入网传输协议

　　C．传输控制协议和网际协议　　　D．OSI 协议集

（二）填空题

1. 根据地域范围的分类标准，可以将计算机网络分为_____种。

2. 常用的网卡主要为_____网卡和_____网卡。

3. 网络配置包括_____配置、_____配置及_____配置等。

4. 无线路由器配置主要包括_____配置、_____配置及_____配置等内容。

5. 无线网络配置主要包括_____配置和_____配置两个方面。

6. 局域网故障主要分为_____和_____两种。

（三）简答题

1. 常用的网络设备有哪些？

2. 双绞线 568A 和 568B 的线序有何不同？

3．网卡的主要功能有哪些？

4．路由器是如何选择 IP 数据包转发路径的？

5．将家用计算机接入互联网需要做哪些准备？

6. 在网络连接等工作中粗心大意可能会导致哪些问题？

（四）判断题

1. 同轴电缆与光纤主要用于连接主干网络，与 PC 连接通常采用双绞线。　　（　　）
2. 目前中国公共网络接入基本做到了"光纤到小区、千兆到家庭。"　　（　　）
3. 双绞线是最常用的传输介质，它与整个网络的性能无关。　　（　　）
4. 双绞线包括屏蔽双绞线和非屏蔽双绞线。　　（　　）
5. 联网前需首先配置网卡、网线、无线路由器、计算机等设备。　　（　　）
6. 工作在数据链路层的交换机不依靠 MAC 地址进行数据转发和交换。　　（　　）
7. 集线器是局域网中连接所有计算机的中心节点。　　（　　）
8. 即使双绞线网头的铜片没有压紧，也不可能造成网线不通。　　（　　）
9. 设备冲突是造成计算机无法上网的问题之一。　　（　　）

（五）操作题（写出操作要点，记录操作中遇到的问题和解决办法）

1. 分别制作一根直连双绞线和一根交叉双绞线，并测试其连通性。

2．配置家用无线路由器。

3．将家用计算机通过无线路由器联入互联网。

4．收集无线路由器设备资料，选出性价比最高的一款。

5．收集家庭网络应用过程中最易出现的网络故障资料，记录故障现象，为网络维护做准备。

6．收集网络连接工作经验，写出具体工作流程，标注易出错点。

四、任务考核

完成本任务学习后达到学业质量水平一的学业成就表现如下。

（1）能清晰说明网卡、交换机、路由器的基本功能和作用。

（2）会将计算机联入互联网。

（3）会设置 IP 地址和无线路由器。

完成本任务学习后达到学业质量水平二的学业成就表现如下。

（1）能够根据网络故障现象判断网络故障。

（2）会排除简单的网络故障。

任务3　获取网络资源

◆　**知识、技能练习目标**

能识别网络资源的类型，并根据实际需要获取网络资源；

会区分网络开放资源、免费资源和收费认证资源，树立知识产权保护意识，能合法使用网络信息资源；

会辨识有益或不良网络信息，能对信息的安全性、准确性和可信度进行评价，能自觉抵制不良信息。

◆　**核心素养目标**

增强信息意识；

发展计算思维；

强化信息社会责任。

◆　**课程思政目标**

遵纪守法、增强知识产权保护意识；

自觉践行社会主义核心价值观。

一、学习重点和难点

1．学习重点

（1）网络资源类型；

（2）获取网络资源；

2．学习难点

（1）辨识不良信息；

（2）信息安全性、准确性和可信度评价。

二、学习案例

案例1：知识产权

具有保护合法产权意识，是网络用户必备的基本素质，小华想清晰了解知识产权的概念，以便和同学们就此话题进行深入交流。

知识产权是指人们的智力劳动成果依法享有专有权利，通常是国家赋予创造者对其智力成果在一定时期内享有的专有权或独占权。

知识产权从本质上说是一种无形财产权，它的客体是智力成果或知识产品，是一种无形财产或一种没有形体的精神财富，是创造性的智力劳动所创造的劳动成果。它与房屋、汽车等有形财产一样，都受到国家法律的保护，都具有价值和使用价值。有些重大专利、驰名商标或作品的价值远远高于房屋、汽车等有形财产。

知识产权是智力劳动产生的成果所有权，它是依照各国法律赋予符合条件的著作者、发明者或成果拥有者在一定期限内享有的独占权利。

知识产权有两类：一类是著作权（也称版权、文学产权）；另一类是工业产权（也称产业产权）。

著作权又称版权，是指自然人、法人或其他组织对文学、艺术和科学作品依法享有的财产权利和精神权利的总称，主要包括著作权及与著作权有关的邻接权。这里我们说的知识产权主要是指计算机软件著作权和作品登记。

工业产权则是指工业、商业、农业、林业和其他产业中具有实用经济意义的一种无形财产权，有人认为将其称为"产业产权"更为贴切，主要包括专利权与商标权。

小华在深入思考以下问题：

（1）知识产权的著作权还能细化成哪些权利？

（2）在网络应用时出现的侵犯知识产权行为都有哪些？

案例 2：网络信息可信度评价

获取网络信息是网络活动的重要内容，而网络信息是否可信又是人们探讨的主要话题。小华决定从科学的角度探究网络信息的可信度评价方法，帮助大家解决信息评价无章可循的问题。

对网络信息可信度进行评价的方法有很多，有通过简单分析得出结论的方法，也有通过复杂计算得出结果的方法。

1. 权重评估分析法

权重评估分析法主要有信息来源评估、专业内容评估、发信息人能力评估和信息收益成本评估等方法。一般来讲，权威媒体、大网站、知名人物公布的信息较小道消息、自媒体信息更准确。专业人士发布的专业问题看法，比非专业人士的言论可信度更高。发表与自身无利益瓜葛的信息更值得信赖。

2. 逻辑推理分析法

利用演绎、归纳和类比逻辑推理，对获取的信息进行分析，得出可靠性结论的方法称为逻辑推理分析法。其中包括对权威例外和结论利益评估、影响力原因、验证困难性、逻辑自查、叙述模糊、和局限性等多个方面进行推理得到结论。一般情况下，权威值得信赖，但与自身产生纠葛其可信度会下降。根据认可数量判断价值有一定道理，但是不绝对正确，若存在信息准确性验证困难、逻辑上有漏洞、叙述不清等问题，其价值不高。

3. 计算机分析法

利用计算机建立模型，对获取的信息进行计算、分析、判断得出可靠性结论的方法称为计算机科学法，其中包括使用多人判断的加权求和、搜索引擎判断、对错界限模糊判断、自身利益判断等多种量化方法进行计算，最终得出可靠性结论。该方法得出的结论一般较为准确，但是操作相对复杂，多用于情报信息收集。

小华在深入思考以下问题：

（1）在诸多判断方法中，最常用、最简单的是哪些？

（2）如何才能更高效得出评价结论？

三、练习题

（一）选择题

1. 互联网上的服务都是基于某种协议，WWW 服务基于_____协议。

    A．SMTP   B．HTTP

    C．SNMP   D．TELNET

2. 有关网络资源特征描述不正确的选项是_____。

    A．存储数字化，传输网络化

    B．表现形式多样化，内容丰富

    C．传播速度快、范围广，具有交互性

    D．以上都不是

3. 浏览互联网的网页，需要知道_____。

    A．网页设计原则   B．网页制作过程

    C．网页地址   D．网页作者

4. 互联网为人们提供许多服务项目，最常用的是浏览文本、图形和声音等各种信息，这项服务称为_____。

    A．电子邮件   B．WWW

    C．文件传输   D．网络新闻组

5. 以下关于进入 Web 站点的说法正确的是_____。

    A．只能输入域名

  B．需要同时输入 IP 地址和域名

  C．只能输入 IP 地址

  D．可以通过输入 IP 地址或者域名

6．使用浏览器访问网站时，网站上希望第一个被访问的网页称为_____。

  A．网页　　　　　　　　　　B．网站

  C．HTML 语言　　　　　　　 D．主页

7．在局域网内，最简单的网络资料共享方法是_____。

  A．使用云盘　　　　　　　　B．使用系统自带的共享功能

  C．使用文件传输软件　　　　D．使用隔空投递功能

（二）填空题

1．网络资源包括_____和_____。

2．快速、准确获取满足需要的网络信息，已成为信息社会基本的_____技能。

3．网络上获取的资源既有_____资源，也有_____资源。

4．网络资源的重要特征是存储_____化，传输_____化。

5．浏览器是指浏览网页时使用的_____程序。

6．网页采用超级文本格式，其中的一些词、短语或图片可以作为_____指向其他文件。

（三）简答题

1．获取网络资源应具备哪几方面的素质？

2．网络中常用的信息资源有哪些？

3．网络信息资源具有哪些显著特征？

4．在获取网络资源过程中应注意哪些问题？

5．哪些行为属于不合法使用网络资源？

6．如何辨识不良信息？

（四）判断题

1．合理合法利用网络信息资源，是当代学生应该具有的基本素质。　　　　（　　）

2．与传统信息资源相比，网络信息资源在数量、结构、分布、传播范围、载体形态、内涵传递手段等方面都显现出新的特征。　　　　（　　）

3．在网络上获取资源都是免费的。　　　　（　　）

4．网络信息资源包罗万象，覆盖了不同学科、不同领域。　　　　（　　）

5．网络上所有信息的流动都是双向互动的。　　　　（　　）

6．网络的共享性与开放性使得人人都可以在互联网上获取和存放信息。　　　　（　　）

7．网络用户应访问合法运营的网络信息平台。　　　　（　　）

8．网络用户不能随意分享具有知识产权的资源信息。　　　　（　　）

9．网络用户应合理使用网络资源，懂得保护知识产权。　　　　（　　）

（五）操作题（写出操作要点，记录操作中遇到的问题和解决办法）

1．根据给定的文件，说明各文件是什么类型的资源。

2．上网收集与网络生活有关的图片，说明在收集的过程中应注意的问题。

3．举例对比说明信息准确性的评价方法。

4．收集与网络资源使用有关的法律法规条款，明确网络资源使用的法律要求。

5．收集与信息安全性相关的资料，并分析这些资料的可信度。

6．收集配置网络学习的免费资源和收费资源，对比说明两者之间的差异。

四、任务考核

完成本任务学习后达到学业质量水平一的学业成就表现如下。

（1）能够正确识别网络资源，并清楚说明各种资源的用途和特点。

（2）能够根据需求合法获取网络文本、声音、视频文件。

完成本任务学习后达到学业质量水平二的学业成就表现如下。

（1）能够辨别不良信息，具有自觉抵制不良信息的意识。

（2）会对获取信息的安全性、准确性和可信性进行正确评价。

任务4　网络交流与信息发布

◆　**知识、技能练习目标**

会进行网络通信、网络信息传送和网络远程操作；

会编辑、加工和发布网络信息；

能在网络交流、网络信息发布等活动中，坚持正确的网络文化导向，弘扬社会主义核心价值观。

◆　**核心素养目标**

增强信息意识；

提高数字化学习能力；

强化信息社会责任。

◆　**课程思政目标**

坚持正确的网络文化导向，树立正确的价值观；

深刻理解"网络空间天朗气清、生态良好，符合人民利益"的内涵，强化社会责任。

一、学习重点和难点

1．学习重点

（1）网络通信；

（2）网络信息传送；

（3）编辑、加工和分布网络信息。

2．学习难点

（1）网络远程操作；

（2）网络协作。

二、学习案例

案例1：云存储

小华听说若将自己的信息资料放在云里，就可以减少随身携带存储设备的麻烦，只要能够联网就可以随时获取需要的资料。他决定全面了解云存储，合理选择满足自己需要的存储空间。

1. 云存储的概念

云存储是在云计算概念上延伸和衍生发展出来的概念。云计算是指通过网络将庞大的计算处理程序自动拆分成无数个较小的子程序，再交由多个服务器所组成的庞大系统处理，将结果回传给用户。

云存储的概念与云计算类似，简单来说，云存储就是将存储资源放到云上供用户存取的一种新兴方案。用户可以在任何时间、任何地方，透过任何可联网的设备联接到云上从而方便地存取数据。

云存储意味着把主数据或备份数据放到外部不确定的存储池里，而不是放到本地数据中心或专用远程站点。数据备份、归档和灾难恢复是云存储的三个用途。

云存储可分为以下三类。

公共云存储：供应商提供存储服务保持每个客户的存储、应用都是独立的、私有的。国内常用的公共存储主要有阿里云盘、百度云盘、移动彩云、华为网盘、360 云盘等。

公共云存储可以划出一部分用作私有云存储。私有云存储可以部署在企业数据中心或相同地点的设施上。私有云可以由公司自己的 IT 部门管理，也可以由服务供应商管理。

内部云存储：内部云存储和私有云存储类似，唯一不同点是它位于企业防火墙内部。

混合云存储：把公共云和私有云/内部云结合在一起，称为混合云存储。

2. 云存储的安全隐患

异地文件存取与分享文件除消耗网络带宽外，还应反思云存储的应用安全隐患。

（1）版权风险。

一些个人或团体将影视音乐文件通过云存储的客户端上传至网盘，然后通过分享的方式提供他人下载，这就导致有版权的视频音乐可能被盗版传播。造成这种盗版传播侵权现象的不仅是用户，还有云存储服务商。

（2）个人隐私。

用户将自己拍摄的照片与视频通过云存储上传到网盘后，可以通过网络客户端在异地下载照片，但是上传的照片或文件都可能是云存储明文保存的，管理员可以直接查看和删除用户上传的文件，若涉及机密或个人隐私的文件，就可能出现信息安全问题。

（3）数据安全。

大多数的云存储设计基于多客户端数据同步机制，一般以最后一次内容更新为标准，其他客户端开启时自动同步，更新后可能导致返回错误修改前的状态失效或难以恢复错误删除的文件。

黑客入侵会导致用户数据安全性下降，甚至造成重要数据丢失。

（4）运营停止风险。

若服务商因亏损等问题被迫停止运营，此时用户需要及时进行数据迁移，否则数据安全或成大问题。

明白了这些问题后，小华选择使用网盘存储自己非隐私的文件资料。

小华在深入思考以下问题：

（1）如何才能最大限度地保障自己文件资料的安全？

（2）不同的公共云存储有什么差异？

案例 2：使用微博

微博（Weibo）是微型博客（MicroBlog）的简称，即一句话博客，也是一种通过关注机制分享简短实时信息的广播式社交网络平台。小华注册了新浪微博，开始网上博客之旅。

（1）注册后进入"新浪微博"登录页面，输入"账号"和"密码"，登录"新浪微博"主页。

（2）在"新浪微博"主页编辑区域撰写微博内容（输入文本，添加表情、图片、视频等），单击"发布"按钮发布微博。

小华在深入思考以下问题：

（1）发布网络信息应该遵循哪些规范要求？

（2）目前允许发布网络信息的平台都有哪些？

三、练习题

（一）选择题

1. 下列选项错误的是_____。

    A．电子邮件是互联网提供的一项最基本的服务

    B．电子邮件具有快速、高效、方便、价廉等特点

    C．通过电子邮件，可以向世界上任何一个角落的网上用户发送信息

    D．可发送的多媒体类型只有文字和图像

2. 电子邮件地址的一般格式是_____。

    A．用户名@域名   B．域名@用户名

    C．IP 地址@域名   D．域名@IP 地址名<mailto:域名@IP 地址名>

3. 以下选项中_____不是设置电子邮件信箱所必需的。

    A．电子邮箱的空间大小   B．账号名

    C．密码   D．接收邮件服务器

4．收发电子邮件，首先必须拥有_____。

    A．电子邮箱　　　　　　　　B．上网账号

    C．个人主页　　　　　　　　D．个人密码

5．电子邮件从本质上讲就是_____。

    A．浏览　　　　　　　　　　B．电报

    C．传真　　　　　　　　　　D．文件交换

6．同学们进行网上聊天时最可能使用的软件的是_____。

    A．IE　　　　　　B．QQ　　　　　C．Word　　　　D．Netants

（二）填空题

1．网上聊天不局限于_____的聊天，还包括网上_____和_____。

2．以聊天信息的发送和接收对象分类，有_____、_____、_____、_____ 4 种。

3．国内常用的聊天软件有_____、_____等。

4．微博（Weibo）是_____的简称。

5．网络使用者应防止_____或接触_____信息。

6．网络空间天朗气清、生态良好，符合_____利益。

（三）简答题

1．使用电子邮件进行通信的优点有哪些？

2．网络电话与传统电话有什么异同？

3．使用即时通信工具进行沟通交流有什么好处？

4．允许别人远程操作你的计算机时需要注意的问题是什么？

5．目前允许发布网络信息的平台都有哪些？

6．发布网络信息需要遵循的基本规范有哪些？

（四）判断题

1．人与人之间的交流越来越多地转移到了互联网上。　　　　　　　　（　　）

2．使用微信只能进行人与人、人与人群之间的文本或图片信息的传递。（　　）

3．利用网络进行聊天交流被称为网上聊天。　　　　　　　　　　　　（　　）

4．微信正成为影响人们生活的一种通信方式。　　　　　　　　　　　（　　）

5．远程控制管理不需要一套严密的安全审核机制。　　　　　　　　　（　　）

6．利用网络进行远程操作既是联网的初衷之一，也是节省人力、物力、财力，实现高效办公的最佳方法。　　　　　　　　　　　　　　　　　　　　　　　　（　　）

（五）操作题（写出操作要点，记录操作中遇到的问题和解决办法）

1．下载、安装 QQ，使用 QQ 进行网上交流。

2．下载、安装微信，使用微信进行网上交流。

3．申请自己的电子邮箱，给老师发送一份作业。

4．建立班级课程学习微信群或 QQ 群，进行学习交流。

5．建立自己的微博账号，发布学习信息。

6．收集不良信息的举报途径，遇到有害、不良信息时及时举报。

四、任务考核

完成本任务学习后达到学业质量水平一的学业成就表现如下。

（1）会使用 QQ、微信进行信息通信和文件传送。

（2）会使用操作系统自带的远程工具，进行远程操作。

（3）会编辑、发布网络信息。

完成本任务学习后达到学业质量水平二的学业成就表现如下。

（1）会加工获取到的网络信息。

（2）对接收、发布信息的内容导向有正确的判断能力。

任务5　运用网络工具

◆ **知识、技能练习目标**

会运用网络工具进行多终端信息资料的传送、同步与共享；

初步掌握网络学习的类型与途径，具备数字化学习能力；

了解网络对生活的影响，能熟练应用生活类网络工具；

能借助网络工具，多人协作完成任务。

◆ **核心素养目标**

增强信息意识；

提高数字化学习与创新能力。

◆ **课程思政目标**

团结协作、强化团队意识；

文明守信、合规使用网络工具。

一、学习重点和难点

1．学习重点

（1）多终端信息传送、共享；

（2）网络学习、生活工具的使用。

2．学习难点

（1）多人网络协作；

（2）云工具的应用。

二、学习案例

案例1：参加网易公开课学习

小华想利用课余时间进行网课学习，收集网课资源信息后，他决定选择网易公开课进行学习。

（1）进入"网易公开课"网页，注册成合法用户。

（2）输入"网易通行证账号"登录公开课页面。

（3）进入课程选择页面，选择学习内容。

（4）选择"参加该课程"，进入课程学习页面。

（5）选择"开始学习"，进入课程视频播放页面后开始学习。

小华在深入思考以下问题：

（1）参加网课学习时如何才能保持高效率？

（2）参加网课学习可能出现的问题有哪些？

案例 2：网上购物

小华想注册成网络商城的合法用户，进入网络商城浏览、选择、购买自己需要的商品，这样不仅能省时，也方便、省钱。他决定选择京东商城，以熟悉网络购物流程。

（1）进入京东商城，注册成合法用户。

（2）输入"京东账号"和"密码"登录京东商城，或者使用 QQ 或微信扫描登录京东商城。

（3）选择想购买商品的链接，打开相关网页。

（4）查找需要购买的物品，选中后加入购物车。

（5）确认选购商品无误后，可填写并核对订单信息进行结算。

（6）填写收货人信息与支付方式，选择配送方式，填写发票信息，确认信息无误后提交订单。

小华在深入思考以下问题：

（1）为什么网店商品和实体店商品的型号会有差异？

（2）不同的网络商城有差别吗？为什么？

三、练习题

（一）选择题

1. 计算机操作系统提供用户共享_____资源功能。

    A．软件　　　　　　　　　　B．硬件

    C．软、硬件　　　　　　　　D．网络

2. 百度网盘不支持_____。

    A．文件预览　　　　　　　　B．视频播放

    C．快速上传　　　　　　　　D．免密获取

3. 非大学网络学习平台的是_____。

    A．101 教育网　　　　　　　B．新浪公开课

C．网易公开课   D．腾讯公开课

4．不属于网上授课平台类型的是_____。

    A．软件类   B．硬件类   C．公共类   D．私有类

5．在网课视频学习中断后，下次需要_____继续学习。

    A．从头   B．选择内容   C．从断点   D．注册后

6．注册网络商城合法用户不需要的信息是_____。

    A．手机   B．用户名   C．密码   D．住址

（二）填空题

1．互联网技术的发展和应用，催生了一种全新的_____消费方式。

2．使用 Windows 自带的共享功能，可以实现信息资料的传送与_____。

3．网上授课平台主要有_____、_____和_____3 种。

4．软件类网上授课平台具有_____通信功能。

5．私有类的网上授课平台不能满足_____的需要。

6．使用百度网盘的新用户首先需要_____。

（三）简答题

1．有哪些免费工具能够用于信息资料的传送、同步与共享？

2．使用网盘的好处有哪些？应注意哪些问题？

3．为什么网上商城需要注册后才能使用？

4．如何才能保证网上购物不被欺骗？

5．网络对日常生活有哪些影响？

6. 参加网络学习需要注意哪些问题？

（四）判断题

1. Windows 自带共享功能。 （   ）
2. 网上支付、移动支付等都属于电子支付方式。 （   ）
3. 在网络上传输信息资料是最常见的一种活动。 （   ）
4. 网课学习是特殊情况下获取知识的手段。 （   ）
5. 学习网站通常以内容更新时间进行分类。 （   ）
6. 网上活动的工具较为单一。 （   ）
7. 网上可以买到所有商品。 （   ）
8. 网上支付的安全性无法得到保障。 （   ）

（五）操作题（写出操作要点，记录操作中遇到的问题和解决办法）

1. 注册自己的网盘，使用网盘保存资料。

2．利用线上学习平台强化本门课的学习。

3．自己注册一个线上购物 App 的合法账号。

4．收集多终端信息资料共享工具，对比其中的功能差异。

5．收集网上课程学习资源，利用课余时间进行学习。

6．小组协作完成课堂学习实验报告，说明协作的重要性。

四、任务考核

完成本任务学习后达到学业质量水平一的学业成就表现如下。

（1）会使用操作系统自带的共享功能与其他人共享信息资源。

（2）会熟练使用网络工具进行网课学习。

（3）会熟练使用网络工具进行网络购物、订餐、订票等。

完成本任务学习后达到学业质量水平二的学业成就表现如下。

（1）能举例说明网络发展对人们生活的影响。

（2）会使用多人协作工具协作完成工作任务。

任务 6　了解物联网

◆　**知识、技能练习目标**

了解物联网技术的发展，了解智慧城市相关知识；

了解典型的物联网系统并体验其应用；

了解物联网的常见设备及软件配置。

◆　**核心素养目标**

增强信息意识；

发展计算思维；

提高信息数字化学习和创新能力；

强化学习社会责任。

◆　**课程思政目标**

了解物联网技术对社会发展的影响，明确责任担当；

强化科技意识，培养工匠精神。

一、学习重点和难点

1．学习重点

（1）物联网技术发展；

（2）物联网典型应用。

2．学习难点

（1）物联网设备的基本工作原理；

（2）物联网设备及软件的设置。

二、学习案例

案例 1：智能家居

智能家居是指以住宅为平台，安装有智能家居系统的居住环境。实施智能家居系统的过程称为智能家居集成。它是以住宅为平台，利用综合布线技术、网络通信技术、安全防范技术、自动控制技术、音视频技术等将家居生活有关的设施有机结合，构建高效的住宅设施与家庭日程管理系统，提升家居的安全性、便利性、舒适性、艺术性。智能家居可分为智能和家居两部分，家居是指人们生活的各类设备，智能是智能家居突出的重点，主要表现是自动控制管理，它会学习用户的使用习惯，更好地满足人们的生活需求。

智能家居与智能住宅、电子家庭、数字家园、家庭网络、网络家居、智能家庭/建筑、数码家庭、数码家居等都有近乎相近的含义。

综合布线技术、网络通信技术、安全防范技术、自动控制技术、音视频技术是智能家居的关键技术。大多数智能家居系统采用综合布线技术，而少数系统并不采用综合布线技术，无论哪种情况，都有对应的网络通信技术来完成所需的信号传输，因此网络通信技术是智能家居的关键技术之一。安全防范技术在小区及户内可视对讲、家庭监控、家庭防盗报警、一卡通等领域应用广泛。自动控制技术一般应用在智能家居控制中心、家居设备自动控制模块中，对于家庭能源的科学管理、家庭设备的日程管理都有十分重要的作用。

小华在深入思考以下问题：

（1）现实生活中都有哪些智能家居设备？

（2）智能家居存在哪些安全问题，如何规避安全风险？

案例2：智慧城市

随着技术的发展，智慧城市先后经历了以"PC+互联网为基础、电子政务和电子商务为主要应用场景"的1.0时代，以"智能手机+移动互联网为基础、移动支付为主要应用场景"的2.0时代，实现了城市"以人为中心"的高度信息化。随着移动物联网的窄带连接技术发展，智慧城市开始进入以"物联网为城市神经网络、人工智能为城市大脑"的3.0新时代。旨在实现城市"物与物、人与物"的全面信息互联，其主要应用场景为智慧水务、智慧环保、智慧消防、智慧交通、智慧照明等。移动物联网是实现智慧城市3.0的基础，在中央和地方的推动下，我国物联网产业正逐步进入起步期，初步形成环渤海、长三角、珠三角、中西部4大智慧城市群。智慧城市对医疗、交通、物流、金融、通信、教育、能源、环保等领域发展具有明显的带动作用，将为城市和经济可持续发展提供支持。

（1）智慧城市的特征。

智慧城市应该具有以下重要特征。

系统感知。更加全面、系统的感知是智慧城市发展的基础和基本特性，发达的感知系统能够满足随时获得所需信息和数据的要求。

传递可靠。完成全面联接后，保证信息可靠传递是最重要的要求。只有信息安全可靠传递，才能保证设备和设施的工作正常。

高度智能。智能化的信息管控能力是智慧城市的又一基础特征，对收集到的各类信息进行快速、准确、高效、智能处理，是智慧城市追求的基本目标。

（2）智慧城市发展面临的挑战。

尽管智慧城市前景美好、优点众多，但仍面临 3 大方面的挑战。

联接技术的挑战。城市的网络遍布城市的每个角落，大到楼宇、街道，小到楼道转角、地下室，深到地下管网等，因此对网络信号的覆盖有更高的要求，现有 4G/5G 的信号难以做到全场景覆盖。另外，WiFi、蓝牙、RFID 等又存在覆盖范围小、覆盖深度差、取电难、安全性差、易干扰等问题。传统的联接技术无法满足智慧城市对于广覆盖、低功耗、低成本的海量联接需求。

物联网管理平台的挑战。目前，智慧城市物联网的许多服务由行业提供，势必出现应用管理系统孤立、接口标准和数据格式特殊甚至网络独立问题，因此无法实现大范围的互联互通，难以为城市发展做决策提供全面的数据支撑。

商业模式的挑战。智慧城市的应用场景主要涉及公共设施和公用事业，这类应用场景具有明显的社会效益，但初期投资大、商业价值不明显。所以，找出让政府、行业运营商、电信运营商、设备厂商等多方共赢的模式，以降低准入门槛、实现社会效益和商业价值之间的平衡，成为制约智慧城市爆发性增长的关键问题。

小华在深入思考以下问题：

（1）智慧城市建设对人们的生产、生活将会产生哪些影响？

（2）如何应对智慧城市带来的新挑战？

三、练习题

（一）选择题

1. 物联网发展大致经历_____个阶段。

    A. 2　　　　　　　　　　　B. 3

    C. 4　　　　　　　　　　　D. 5

2. 在物联网应用中主要涉及_____项关键技术。

    A. 2　　　　　　　　　　　B. 3

    C. 4　　　　　　　　　　　D. 5

3. 不属于标准物联网系统层次架构的是_____。

    A. 感知层　　　　　　　　　B. 网络层

    C. 传输层　　　　　　　　　D. 应用层

4. 标准物联网系统架构有 3 层组成，用于解决数据如何存储的是_____层。

    A. 感知识别层　　　　　　　B. 网络管理服务层

    C. 网络构建层　　　　　　　D. 综合应用层

5. 智能灯泡属于_____种智能设备。

    A．智能安防　　　　　　　　B．智能医疗

    C．智能制造　　　　　　　　D．智能家居

6. 以下不属于智慧物流应用场景的是_____。

    A．仓储　　　　　　　　　　B．运输监测

    C．快递终端　　　　　　　　D．智慧停车

（二）填空题

1. 物联网的_____和_____仍然是互联网。

2. 标准物联网系统架构，大致分为三层，分别是_____、_____、_____。

3. 我国物联网产业将在_____、_____、_____、_____、_____等领域率先普及。

4. 我国已初步形成_____、_____、_____、_____四大智慧城市群。

5. 物联网就是"_____的互联网"。

6. 物联网的_____、_____和_____，在促进传统产业转型升级方面将起到巨大作用。

（三）简答题

1. 物联网存在哪些安全问题？

2. 未来物联网的发展趋势如何？

3．车联网应用场景中的设备有哪些？

4．常见的智能家居终端设备有哪些？

5．智能医疗对人类健康的帮助作用有哪些？

6. 物联网技术在自己专业领域的应用有哪些？

（四）判断题

1. 物联网是一个基于互联网、传统电信网等信息载体，能够被独立寻址的普通物理对象互联互通的网络。 （　　）

2. 物联网就是"物与物相联的互联网"。 （　　）

3. 传感器相当于人的眼睛、鼻子、皮肤等感官。 （　　）

4. 物联网技术是重要的新一代信息技术。 （　　）

5. 感知识别层位于物联网模型的最底端，是所有上层的基础。 （　　）

6. 智能化的信息管控能力不是智慧城市的基础特征。 （　　）

（五）操作题（写出操作要点，记录操作中遇到的问题和解决办法）

1. 收集物联网应用案例，说一说物联网技术对中国社会发展的促进作用。

2．收集物联网传感器的相关资料，列举常用的物联网传感器。

3．收集智慧城市的相关资料，说一说智慧城市所具有的特征。

4．收集家电类物联网终端设备资料，举例说明设备联网后的好处。

5．收集车联网相关资料，尝试对照实际应用解释具体设备的功能。

6．应用物联网技术分析身边智能设备，说明智能化功能依托了哪些技术？

四、任务考核

完成本任务学习后达到学业质量水平一的学业成就表现如下。

（1）能够清晰说明物联网技术的发展历程。

（2）能够举例说明智慧城市发展前景和典型应用。

（3）能够举例说明典型物联网设备。

完成本任务学习后达到学业质量水平二的学业成就表现如下。

（1）能描述物联网系统架构，说明各层的具体功能。

（2）能说明物联网关键技术的具体作用。

第3章　图文编辑

本章共分 5 个任务，任务 1 通过学习创建和编辑 Word 文档，帮助学生熟练掌握文字编辑软件的基本操作和基本编辑技术。任务 2 通过 Word 文档文本格式操作，帮助学生掌握设置文字、段落和页面格式的能力。任务 3 通过学习制作表格，帮助学生掌握在 Word 文档中插入表格、设置表格格式、修饰表格以及对表格中数据进行排序和计算等方法。任务 4 通过学习在 Word 文档中绘制图形，帮助学生熟练掌握绘制基本图形、流程图及组合图形，绘制公司组织结构逻辑图，使用 Word 提供的公式编辑器绘制数学公式。任务 5 通过培养版面设计等能力，帮助学生熟练掌握文档排版、生成目录、利用数据表格批量生成图文等方法。

任务 1　操作图文编辑软件

◆　知识、技能练习目标

了解常用图文编辑软件及工具的功能特点并能根据业务需求综合选用；

会使用不同功能的图文编辑软件创建、编辑、保存和打印文档，会进行文档的类型转换与文档合并；

会查询、校对、修订和批注文档信息；

会对文档进行信息加密和保护。

◆　核心素养目标

增强信息意识；

提高数字化学习能力；

强化信息社会责任。

◆　**课程思政目标**

遵纪守法、强化版权意识；

文明守信、弘扬优秀文化；

自觉践行社会主义核心价值观。

一、学习重点和难点

1．学习重点

（1）文档的基本编辑技术；

（2）文档的加密保护。

2．学习难点

（1）文档的加密保护；

（2）文档的审阅；

（3）文字的带格式替换。

二、学习案例

案例1：审阅文档

有同学请小华帮忙看一下自己的排版作业，小华认为使用"审阅"功能较好，既可以表明自己的观点，又能让同学有选择的余地。

利用 Word 的"审阅"功能，可以对文档中出现的拼写错误进行更正，也可以请别人帮助检查和修订文档，在别人完成修订后，自己可以根据需要选择接受或撤销别人的修改。掌握此功能操作，对高效率完成文档的校对、修订工作有极大的帮助作用。

操作提示：

（1）打开需要修订的文档。

（2）选择"审阅"选项卡，单击"拼写和语法"按钮，弹出如图 3-1-1 所示的对话框。

（3）根据提示建议，按照实际情况，可单击"更改"按钮接受更改，或者忽略建议。

（4）完成拼写和语法简单检查后，可对文档内容进行修改。选择"审阅"选项卡，单击"修订"组中的"修订"按钮，进入文档修订模式，此时"修订"按钮以黄色高亮显示，如图 3-1-2 所示。

（5）选中需要更改的文字内容，按需要进行编辑，编辑后的内容会以红色显示，完成后保存即可。

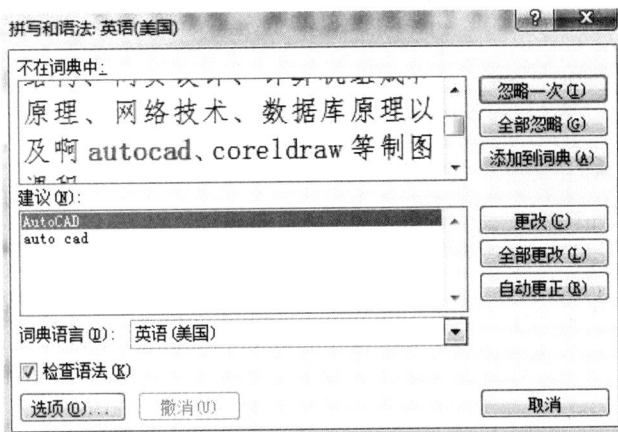

图 3-1-1 "拼写和语法：英语（美国）"对话框

（6）打开修订后的文档，可以查看修改结果。选中红色文字，单击鼠标右键，弹出如图 3-1-3 所示的快捷菜单，单击"接受修订"菜单项，即可完成修订；若要拒绝，则单击"拒绝修订"菜单项。

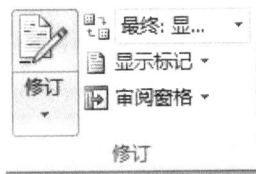

图 3-1-2 文档修订模式

图 3-1-3 快捷菜单

小华在深入思考以下问题：

（1）使用"审阅"修订文档的优点还有哪些？

（2）如何高效使用"审阅"功能进行文档修订？

案例 2：文字的查询及带格式替换

小华发现文档中经常出现多处同样的格式错误，一处一处修改既麻烦也容易出现疏漏，使用"带格式替换"功能则可以轻松解决问题。

利用 Word 的"查找和替换"功能，对文档中需要替换的文字进行查找，然后按照格式要求进行替换，可以在一篇文档中快速替换多处相同内容。

操作提示：

（1）打开需要替换文字内容的文档。

（2）选择"开始"选项卡，单击"替换"按钮，弹出如图 3-1-4 所示的对话框。

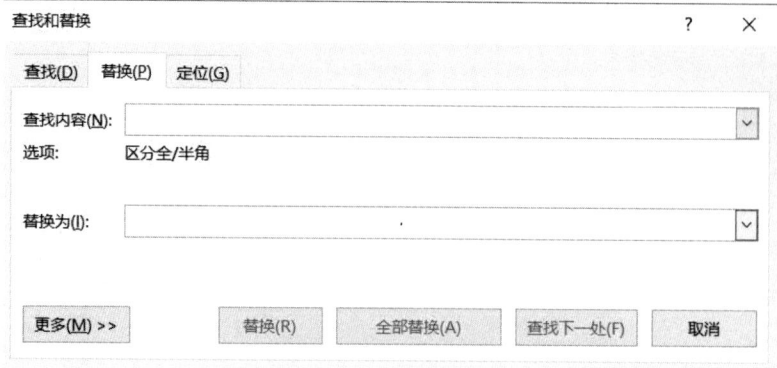

图 3-1-4　"查找和替换"对话框

（3）在"查找内容"输入框中输入需要被替换的文字，在"替换为"输入框中输入替换的文字。

（4）依次单击"更多"→"格式"按钮，展开如图 3-1-5 所示的快捷菜单，可以根据需要对替换的文字进行格式设置，如单独设置字体、样式等。

图 3-1-5　展开快捷菜单

小华在深入思考以下问题：

（1）文档中都有哪些内容可以进行替换操作？

（2）执行替换操作时需要注意哪些问题？

三、练习题

（一）选择题

1．Word 是_____。

　　A．文字编辑软件　　　　　　B．播放软件

　　C．硬件　　　　　　　　　　D．操作系统

2．退出 Word 的快捷操作是按【_____】组合键。

　　A．Alt+F4　　　　　　　　　B．Ctrl+F4

　　C．Shift+F4　　　　　　　　D．Ctrl+Esc

3．在 Word 中快速访问工具栏上的 ▣ 按钮的功能是_____。

　　A．撤销上次操作　　　　　　B．加粗

　　C．设置下画线　　　　　　　D．保存

4．在 Word 中进行编辑时，要将选定区域的内容放到剪贴板上，可单击"开始"功能区中的_____按钮。

　　A．剪切或替换　　　　　　　B．剪切或清除

　　C．剪切或复制　　　　　　　D．剪切或粘贴

5．在 Word 使用过程中，可以利用【_____】键获得系统帮助。

　　A．Esc　　　　　　　　　　　B．Ctrl+F1

　　C．F1　　　　　　　　　　　D．Enter

6．Word 文档的默认扩展名是_____。

　　A．.docx　　　　　　　　　　B．.pptx

　　C．.xlsx　　　　　　　　　　D．.txt

7．Word 的工作窗口中不包括_____。

　　A．快速访问工具栏　　　　　B．标题栏

　　C．编辑区　　　　　　　　　D．主题

8．在 Word 中完成一个文档的编辑后，要想知道它打印后的效果，可使用_____功能。

　　A．打印预览　　　　　　　　B．模拟打印

　　C．提前打印　　　　　　　　D．屏幕打印

9．如果用户想保存一个正在编辑的文档，但希望以不同文件名存储，可用_____命令。

　　A．保存　　　　　　　　　　B．另存为

　　C．比较　　　　　　　　　　D．限制编辑

10．在 Word 中，执行命令有多种方法，其中弹出快捷菜单的方法是_____。

A．单击鼠标左键 　　　　B．单击鼠标右键

C．双击鼠标左键 　　　　D．双击鼠标右键

（二）填空题

1．主流的图文编辑软件有_____和_____。

2．Word 是一个_____软件。

3．Word 的编辑功能主要包括选择、_____、查找、_____、复制、_____、格式刷等。

4．退出 Word 还可以采用单击标题栏右侧_____按钮的方法。

5．单击_____按钮可以对已命名的文档进行保存。

6．在输入文本时，一些键盘上没有的特殊的符号（如俄、日、希腊文字符，数学符号，图形符号等），除了用键盘输入外，还可以使用_____功能。

7．Word 文档的属性有_____、_____、_____等。

8．复制文本前要先_____文本。

9．按【Ctrl+V】组合键的作用是_____。

10．在 Word 的"打印"对话框内的"页面范围"选项中，"当前页"是指_____。

（三）简答题

1．Word 是一个什么样的软件？

2．启动 Word 的方法都有哪几种？

3．Word 的主要功能是什么？

4．文档的"保存"和"另存为"功能的区别是什么？

5．在编辑 Word 文档的过程中，如何切换"改写"与"插入"状态？这两种状态有何区别？

6．如何选中不连续的文本？

7．在删除文本时，按【Delete】键和【Backspace】键，结果有何不同？

8．执行"复制→粘贴"操作和"剪切→粘贴"操作，结果有何不同？

9．使用文字处理软件编辑文档时会出现侵权行为吗？为什么？

（四）判断题

1．可以将 Word 文档保存为文本文件。　　　　　　　　　　　　（　　）

2．打印 Word 文档时可以根据需要对文档进行缩放。　　　　　　（　　）

3．替换文本只能对文字进行替换。　　　　　　　　　　　　　　（　　）

4．Word 是 WPS 的一个组件。　　　　　　　　　　　　　　　（　　）

5．Word 不能打开 PDF 格式文件。　　　　　　　　　　　　　　（　　）

6．在 Word 中，快捷操作栏可以根据需要设置显示或隐藏。　　　（　　）

7．在 Word 编辑区中，标尺不可以隐藏。　　　　　　　　　　　（　　）

8．在需要更多编辑区空间时，可以折叠 Word 的功能区。　　　　（　　）

9．无论在何种情况下，都可以使用撤销功能来撤销上一步操作。　（　　）

（五）操作题（写出操作要点，记录操作中遇到的问题和解决办法）

1．新建一个 Word 文档，输入自己的个人简历，并以自己的名字命名文件。

2．和同学交换个人简历文档，检查对方文档中的拼写和语法错误，并对文档内容进行修订。

3．对修订完成的个人简历文档，选择接受或拒绝修订，完成文档的最终修订。

4．为修订完成的个人简历文档设置打开密码，保护个人信息隐私。

5．在个人简历文档中，将所有包含个人姓名的文字加粗显示。

四、任务考核

完成本任务学习后达到学业质量水平一的学业成就表现如下。

（1）能清晰列举常用的图文编辑软件，并能说明其功能和特点。

（2）会合理选择图文编辑软件。

（3）能熟练使用图文编辑软件编辑文档。

（4）会使用图文编辑软件的文档校对和修订功能，完成文档审阅。

（5）会对文档加密，保护信息安全。

完成本任务学习后达到学业质量水平二的学业成就表现如下。

（1）能够对比不同软件，说明选用图文编辑软件的合理性。

（2）能够针对同一编辑操作，说明使用 WPS 和 Word 的异同。

任务 2　设置文本格式

◆　**知识、技能练习目标**

会设置文字、段落和页面格式；

能使用样式，进行文本格式的快捷设置。

◆　**核心素养目标**

增强信息意识；

发展计算思维；

提高数字化学习能力。

◆ **课程思政目标**

了解使用样式模板的重要性，强化规矩意识；

了解版面格式要求，培育符合社会主义核心价值观的审美标准。

一、学习重点和难点

1. 学习重点

（1）文字、段落的格式设置；

（2）页面的设置；

（3）在文档中插入要求样式的页眉页脚。

2. 学习难点

（1）合理设置文字、段落和页面；

（2）合理设置页眉页脚。

二、学习案例

案例1：在文档中使用页眉页脚

小华通过学习知道在文档中使用页眉页脚，不但可以对文档版面有一定美化效果，也能对文档内容进行强调说明，他决定试着给一篇文档添加页眉页脚。

利用"页眉和页脚"功能，在论文文档中添加页码和页眉。首页不显示页码，目录页页码格式为罗马字符"Ⅰ，Ⅱ，Ⅲ…"样式，正文页页码样式为数字"1, 2, 3…"样式；页眉居中插入"毕业论文"。

操作提示：

（1）打开 Word 文档。

（2）选择"插入"选项卡，单击"页眉和页脚"组中的"页眉"按钮，弹出 Word 内置的页眉样式列表，如图 3-2-1 所示。

（3）选择第一个"空白"样式，进入页眉编辑状态，在"输入文字"处输入"毕业论文"，添加页眉后的效果如图 3-2-2 所示。

（4）单击"关闭"组的"关闭页眉和页脚"按钮，退出页眉和页脚编辑状态，完成页眉编辑。可以看到，页眉呈灰色显示，此时为不可编辑状态。

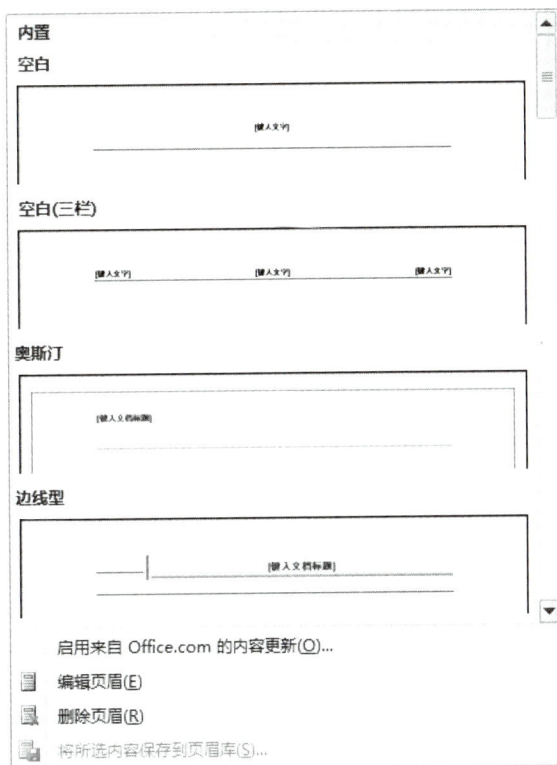

图 3-2-1　内置的页眉样式列表

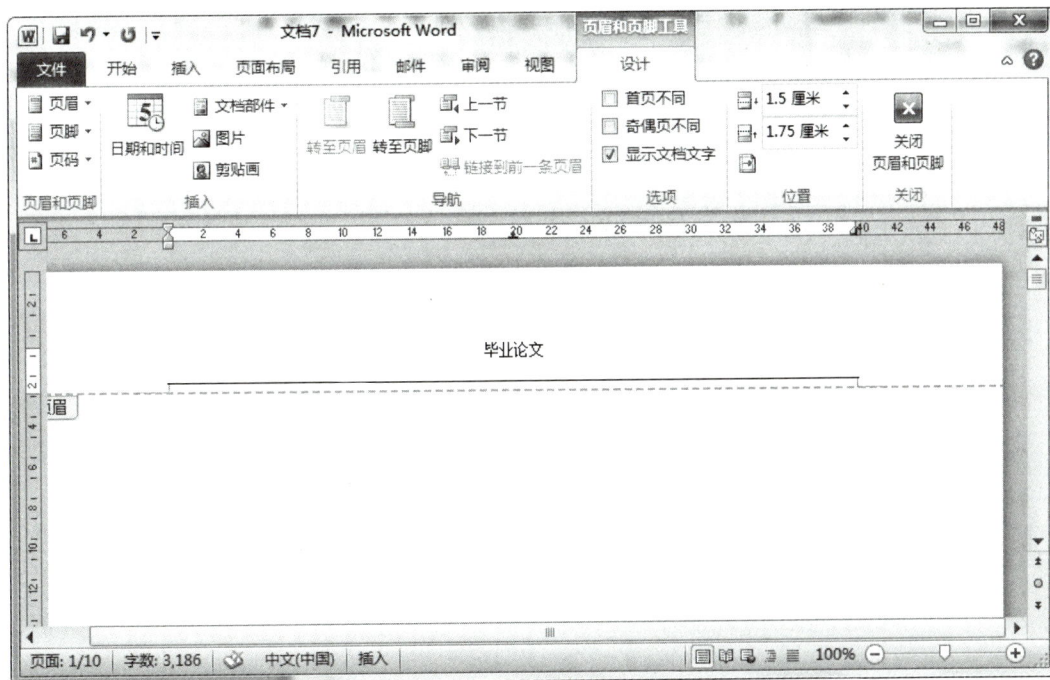

图 3-2-2　添加页眉后的效果

（5）将光标分别放在"封面页"和"目录页"的最后一行，选择"页面布局"选项卡，单击"页面设置"组中的"分隔符"按钮，在展开的下拉列表中选择分节符的"下一页"菜单项，插入一个分节符，如图 3-2-3 所示。

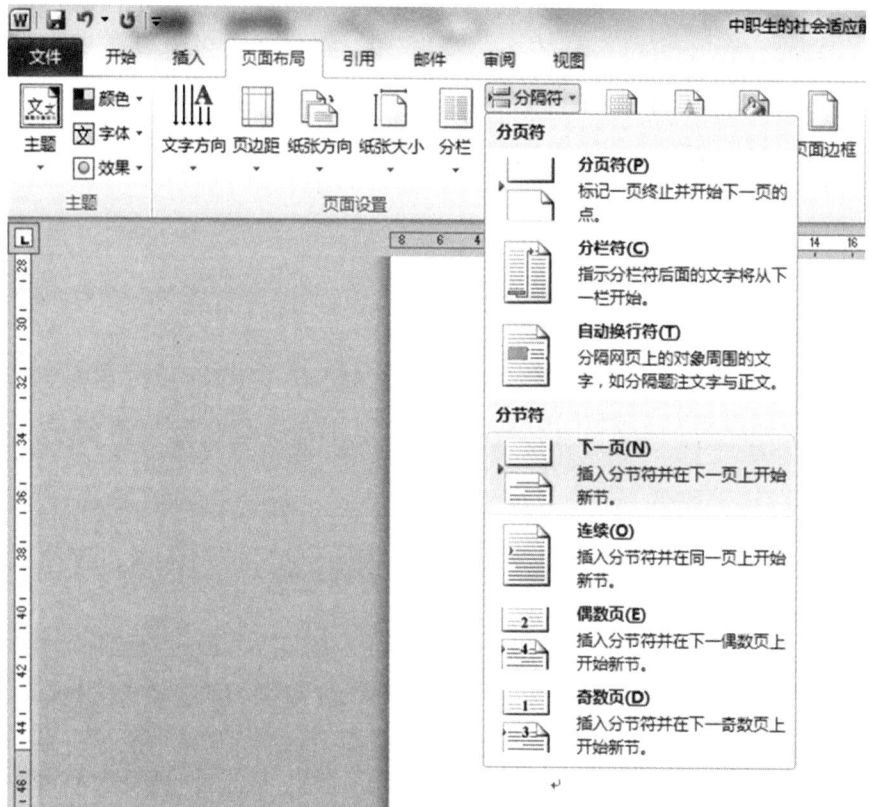

图 3-2-3　插入分节符

（6）选择"插入"选项卡，单击"页眉和页脚"组中的"页码"按钮，在展开的下拉列表中选择"页面底端"菜单项，在下级列表中选择"普通数字 2"样式，如图 3-2-4 所示。

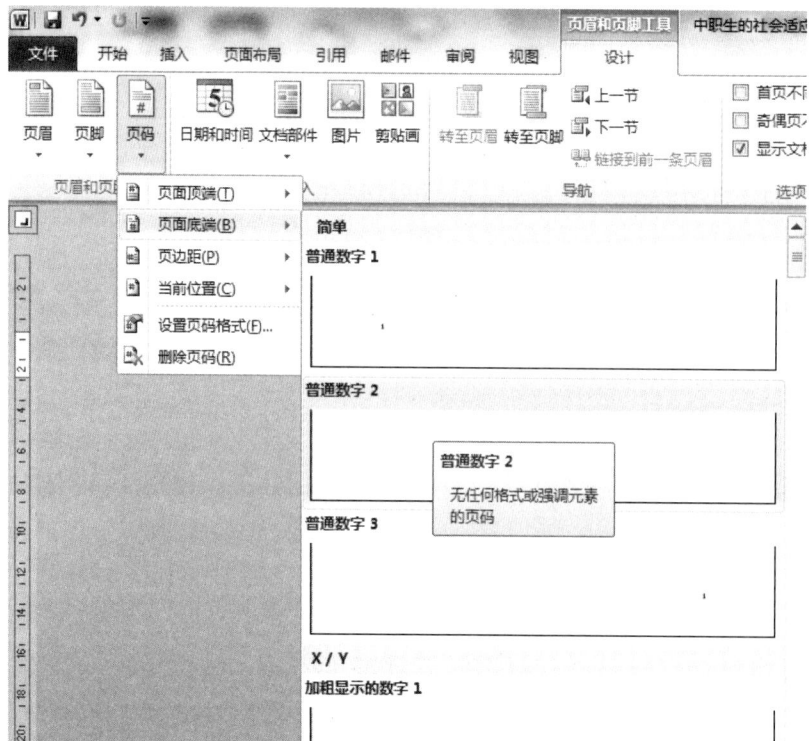

图 3-2-4　插入页码

（7）选中"目录页"的页码，选择"页眉和页脚"组中的"页码"按钮，在展开的下拉列表中选择"设置页码格式"，弹出"页码格式"对话框，在"页码格式"对话框中选择"Ⅰ，Ⅱ，Ⅲ，…"的编号格式，在"页码编号"区域选中"起始页码"单选按钮，如图 3-2-5 所示，单击"确定"按钮。

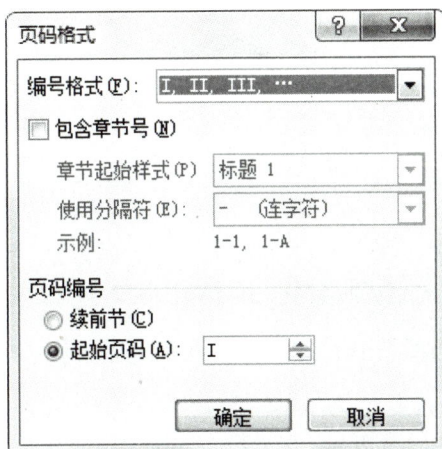

图 3-2-5　设置页码格式

（8）选中"正文页"第一页的页码，选择"页眉和页脚"组中的"页码"按钮，在下拉列表中选择"设置页码格式"选项，弹出"页码格式"对话框，在"页码格式"对话框中选择"1，2，3，…"的编号格式，在"页码编号"区域选中"起始页码"单选按钮，单击"确定"按钮。

（9）选中"封面页"页码，选择"选项"组中的"首页不同"复选框，单击"关闭"组中的"关闭页眉和页脚"按钮，完成封面页为无页码，目录页为罗马页码，正文页为数字页码的设置。

小华在深入思考以下问题：

（1）页眉页脚都允许添加哪些内容？

（2）如何利用页眉页脚强化页面中的核心内容？

案例 2：公文格式排版

合理设置字形、字号、段落间距可以使版面美观，作为机关单位发布的公文有哪些版面规定，是小华迫切要弄明白的问题。

标题一般用 2 号小标宋体字，分一行或多行居中排布；回行时，要做到词意完整、排列对称、长短适宜、间距恰当，标题排列应当呈现梯形或菱形结构。

正文一般用 3 号仿宋体字，每个自然段左空二字，回行顶格。文中结构层次序数依次可以用"一、""（一）""1.""（1）"标注；一般第一层用黑体字、第二层用楷体字、第三层和第四层用仿宋体字标注。一般公文中标题行距为 28 磅。正文及其他使用单倍行距。

如有附件，在正文下空一行左空二字编排"附件"二字，后标全角冒号和附件名称。如有多个附件，使用阿拉伯数字标注附件顺序号（如"附件：1.×××××"）；附件名称后不加标点符号。附件名称较长需要回行时，应当与上一行附件名称的首字对齐。

单一机关行文时，在正文（或附件说明）下空一行、右空二字编排发文机关署名，在发文机关署名下一行编排成文日期，首字比发文机关署名首字右移二字，如成文日期长于发文机关署名，应当使成文日期右空二字编排，并相应增加发文机关署名右空字数。

成文日期中的数字：用阿拉伯数字将年、月、日标全，年份应标全称，月、日不编虚位（即 1 不编为 01）。

页码一般用 4 号半角宋体阿拉伯数字，编排在公文版心下边缘之下，数字左右各放一条一字线；一字线上距版心下边缘 7mm。单页码居右空一字，双页码居左空一字。公文的版记页前有空白页，空白页和版记页均不编排页码。公文的附件与正文一起装订时，页码应当连续编排。

小华在深入思考以下问题：

（1）这样的要求能够适用的环境有哪些？

（2）一般的文档能够按照这样的格式排版吗？为什么？

三、练习题

（一）选择题

1. 在 Word 中，字体设置按钮 **B** 的作用是_____。

    A．输入字符"B"   B．加粗

    C．加黑   D．突出显示

2. 字体间距不包括_____。

    A．标准   B．加宽

    C．紧缩   D．居中

3. 字体位置不包括_____。

    A．标准   B．上升

    C．下降   D．居中

4. 段落对齐方式不包括_____。

    A．左对齐   B．上对齐

    C．右对齐   D．居中

5．使图片按比例缩放应选用_____。

　　A．拖动中间的句柄　　　　　　B．拖动四角的句柄

　　C．拖动图片边框线　　　　　　D．拖动边框线的句柄

6．能显示页眉和页脚的视图方式是_____。

　　A．Web 版式视图　　　　　　　B．页面视图

　　C．大纲视图　　　　　　　　　D．阅读视图

7．Word 的页边距可以通过单击_____按钮进行设置。

　　A．"页面"→"标尺"

　　B．"格式"→"段落"

　　C．"文件"→"打印"→"页面设置"

　　D．"工具"→"选项"

8．Word 的段落标记是通过_____产生的。

　　A．分栏符　　　　　　　　　　B．分页符

　　C．回车键　　　　　　　　　　D．插入键

9．当前光标位于某个段落中,使用标尺设置首行缩进的左缩进时,所有设置对_____起作用。

　　A．当前行　　　　　　　　　　B．当前段落

　　C．当前页面　　　　　　　　　D．当前文档

10．字符样式只能应用于_____。

　　A．光标所在段落　　　　　　　B．选定文本

　　C．光标所在行　　　　　　　　D．整个文本

（二）填空题

1．在文字编辑软件中设置字体格式包括文字的字体、_____、字号和_____设置等。

2．设置字体格式时,可以分别对中文字体和_____进行设置。

3．Word 默认的对齐方式是_____。

4．行距是指两行的距离,即指_____底端和_____底端的距离。

5．段间距的单位可以是厘米、_____或当前行距的倍数。

6．在建立了编号的段落中,删除或插入某一段落时,其余的段落编号会_____。

7．纸张的大小、页边距确定了_____。

8．页眉和页脚是打印在一页文档顶部和底部的_____或图形。

9．页眉和页脚设置完成后,应单击_____按钮,以返回到文本编辑状态。

10．在文档排版过程中，可以对奇数页和_____设置不同的页眉。

11．汉字字形码是表示汉字字形的字模数据，通常用_____、_____等方式表示。

（三）简答题

1．使用"开始"选项卡中的"字体"组功能可以对文本进行哪些设置？

2．使用"开始"选项卡中的"段落"组功能可以对文本进行哪些设置？

3．如何将一段文字的格式恢复到默认状态？

4．格式刷的作用是什么？

5．如何把默认一页多两行的文字内容显示在一页中？请说出至少两种方式。

6．分页符的作用是什么？如何使用分页符？

7．分节符的作用是什么？有哪几种分节符？

8．什么是样式？不使用样式和使用样式的差别是什么？

9．文本格式编辑和段落排版，分别包括哪些操作？

（四）判断题

1．在 Word 中，可以对字体添加不同样式的下画线。 （　　）

2．在 Word 中，可以对字体添加不同样式的删除线。 （　　）

3．可以使用缩放功能加大或缩小文字间距。 （　　）

4．在 Word 中，允许使用非数字形式的页码。 （　　）

5．行距是指两行之间的距离。 （　　）

6．项目编号只能自动创建。 （　　）

7．Word 具有自动分页的功能。 （　　）

8．只能够将一段文字进行栏宽相等的分栏。 （　　）

9．"水印"是一种页面背景。 （　　）

（五）操作题（写出操作要点，记录操作中遇到的问题和解决办法）

1．设置个人简历中的字体、段落，使其更美观。

2．在不影响美观的情况下，设置个人简历的页边距，尽可能地节约纸张。

3．为个人简历添加一张封面，文字内容为"个人简历"，要求使用艺术字，竖向排列、居中对齐。

4．为个人简历的正文部分添加页码，以罗马数字格式居中显示。

5．为个人简历添加页眉，内容为"天生我才必有用"，居中显示。

四、任务考核

完成本任务学习后达到学业质量水平一的学业成就表现如下。

（1）会参照给定样式完成文字、段落和页面设置。

（2）会使用系统给定样式完成格式设置。

完成本任务学习后达到学业质量水平二的学业成就表现如下。

（1）会根据文档内容选择适当的版面格式，完成文字、段落和页面设置。

（2）会创建满足特定要求的样式。

任务 3　制作表格

◆ **知识、技能练习目标**

会选用适用软件或工具制作不同类型的表格并设置格式；

会进行文本与表格的相互转换。

◆ **核心素养目标**

增强信息意识；

发展计算思维；

提高数字化学习与创新能力。

◆ **课程思政目标**

爱岗敬业，强化职业道德；

努力学习，大力弘扬工匠精神。

一、学习重点和难点

1．学习重点

（1）制作、修饰表格；

（2）表格数据计算；

（3）表格与文本相互转换。

2．学习难点

（1）设置表格框线；

（2）选择适用工具。

二、学习案例

案例 1：表格内外框线设置不同的样式

小华发现制作的表格框线形式较为单一，他尝试给课程表设置多样式的表格框线。具体要求：外框线样式设置为双实线、黑色、1.5 磅；内框线样式设置为单实线、黑色、0.5 磅；第一行下框线样式设置为单实线、黑色、1.5 磅。

操作提示：

（1）打开"课程表"文档。

（2）选中表格，在"开始"选项卡的"段落"组中，单击"边框"下拉按钮，在展开的下拉列表中，选择"边框和底纹"菜单项，弹出"边框和底纹"对话框，如图 3-3-1 所示。

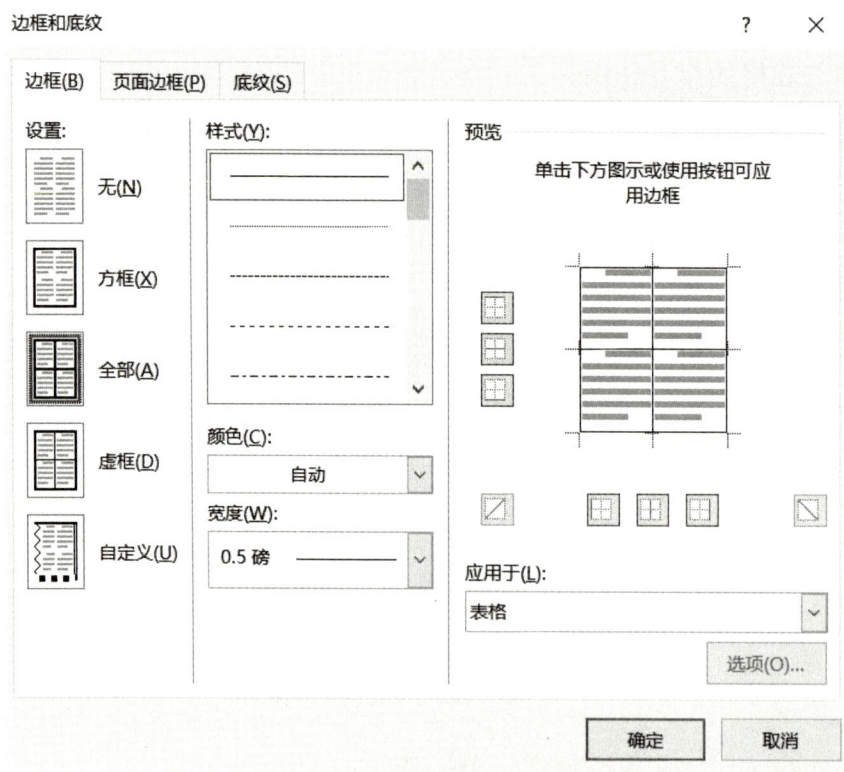

图 3-3-1　"边框和底纹"对话框

（3）单击"自定义"选项，在"样式"中选择"双实线"、"颜色"设置为"黑色"、"宽度"设置为"1.5 磅"。在"预览"选区中，分别选择"上""下""左""右"框线按钮，以完成外框线的设置。

注意：完成此步骤后不要单击"确定"按钮。

（4）在"样式"中选择"单实线"、"颜色"设置为"黑色"、"宽度"设置为"0.5 磅"。在"预览"选区中，分别选择"横""竖"框线按钮，以完成内框线的设置。

注意：选择内外框线时，也可以在图示相应位置单击。

（5）单击"确定"按钮，完成内外框线的设置。

（6）选中表格第一行，用同样的方法进入"边框和底纹"对话框，单击"自定义"选项，在"样式"中选择"单实线"、"颜色"设置为"黑色"、"宽度"设置为"1.5 磅"。在"预览"选区中，选择"下"框线按钮，在"应用于"下拉列表中，选择"单元格"选项，以完成第一行下框线的设置。

（7）单击"确定"按钮，结果如图 3-3-2 所示。

	时间	节次	星期一	星期二	星期三	星期四	星期五
上午	8:10-8:55	第一节	语文（Ⅱ）	操作系统	语文（Ⅱ）	数据结构	英语
	9:05-9:50	第二节	语文（Ⅱ）	操作系统	语文（Ⅱ）	数据结构	英语
	10:10-10:55	第三节	网络犯罪侦查	擒拿格斗	网络犯罪侦查	擒拿格斗	数学（Ⅱ）
	11:05-11:50	第四节	网络犯罪侦查	擒拿格斗	网络犯罪侦查	擒拿格斗	数学（Ⅱ）
下午	14:30-15:15	第五节	普通逻辑学	数学（Ⅱ）	刑法学	情报收集分析	操作系统
	15:25-16:10	第六节	普通逻辑学	数学（Ⅱ）	刑法学	情报收集分析	操作系统

图 3-3-2　课程表内外边框设置完成

小华在深入思考以下问题：

（1）添加哪些内容才能使表格更美观？

（2）设置操作过程中可能出现的问题有哪些？

案例 2：了解表格

小华想借助学习制表的机会，全面了解表格的概念。

表格又称为表，是一种可视化交流模式，也是一种组织整理数据的手段。表格是指按所需的内容项目画成格子，分别填写文字或数字的书面材料，使用表格便于统计查看。表格由一行或多行单元格组成，用于显示数字和其他项以便快速引用和分析。表格中的项被组织为行和列。表头一般指表格的第一行，指明表格每一列的内容和意义。

人们在通信交流、科学研究以及数据分析活动中广泛采用各种各样的表格。各种表格常常会出现在印刷介质、手写记录、计算机软件、建筑装饰、交通标志等地方。使用环境不同，描述表格的术语也会有所变化。此外，在种类、结构、灵活性、标注法、表达方法以及使用方面，不同的表格之间也不相同。在各种书籍和技术文章中，表格通常带有编号和标题，以强化说明文章的正文部分。

由于表格具备版面简洁、内容明了、易操作等特点，因此，能使用表格表现的内容尽量不使用大段文字进行描述。

国内最常用的表格处理软件有 WPS 办公软件等，使用电子表格软件可以方便处理和分析日常数据。

小华在深入思考以下问题：

（1）在什么情况下更适合使用表格？

（2）使用表格时应注意哪种问题？

三、练习题

（一）选择题

1. 在 Word 的表格中，如果将两个均有内容的单元格合并，则合并后的单元格中_____。

    A．只保留第一个单元格的内容　　B．保留全部原有内容

    C．只保留第二个单元格的内容　　D．空白

2. Word 的表格制作功能无法实现_____操作。

    A．将图片放入单元格

    B．将一个表格分割成左右两个

    C．将一个表格分割成上下两个

    D．将一个 2 列的表格直接变成等宽的 3 列表格

3. 在 Word 中，将插入的表格尺寸设置为"自动调整"，不包括_____。

    A．固定列宽　　　　　　　　　　B．根据内容调整表格

    C．根据窗口调整表格　　　　　　D．自定义表格大小

4. 单元格的垂直对齐方式不包括_____。

    A．上对齐　　　　　　　　　　　B．底端对齐

    C．左对齐　　　　　　　　　　　D．居中

5. 在 Word 的表格中，不可以进行_____操作。

    A．合并单元格　　　　　　　　　B．拆分单元格

    C．拆分表格　　　　　　　　　　D．合并表格

6. 在 Word 的表格中，不可以对样式进行_____操作。

    A．创建样式　　　　　　　　　　B．清除格式

    C．复制样式　　　　　　　　　　D．应用样式

7. 在 Word 中，表格的对齐方式不包括_____。

    A．左对齐　　　　　　　　　　　B．上对齐

    C．右对齐　　　　　　　　　　　D．居中

8．表格样式只能应用于_____。

    A．光标所在单元格   B．选定单元格

    C．整个表格   D．整个文本

（二）填空题

1．在 Word 中，可以通过插入表格、_____表格和_____转换成表格等方法创建表格。

2．在 Word 中，单元格对齐方式是对单元格中的_____进行设置的。

3．在表格中将一列数字相加，可使用自动求和按钮，其他类型的计算可使用表格菜单下的_____命令。

4．Word 中的表格提供了_____和计算功能。

5．对表格内容进行排序，需要选择_____作为排序的依据。

6．在 Word 中对表格内数据计算时，需要将_____定位到存放结果的单元格中。

7．在 Word 中对表格内数据计算时，使用的是表格工具栏中的_____按钮。

8．在 Word 中将文本转换成表格时，需要使用_____对文本进行分隔。

9．打开"表格转换成文本"对话框时，需要先_____表格，然后在"表格工具"功能区"布局"选项卡中，单击"数据分组"中的_____按钮。

（三）简答题

1．说出三种以上在 Word 中插入表格的方法。

2．在 Word 的表格中，如何对内外框线设置不同的样式？

3．在 Word 的表格中，如何对数据进行排序？

4．在 Word 的表格中，如何对单元格内数据进行计算？

5．如何将 Word 中的表格转换成文本？

6．在 Word 中，如何将文本转换成表格？

7．文字分隔符的作用是什么？

8．在 Word 的表格中，如何制作斜线表头？

9．在 Word 的表格中，如何对不同的列设置不同宽度？

（四）判断题

1. 在 Word 中可以插入表格，而且可以对表格进行绘制、擦除、合并和拆分单元格、插入和删除行列等操作。　　　　　　　　　　　　　　　　　　　　　　（　　）

2. 在 Word 中，表格底纹设置只能设置整个表格底纹，不能对单个单元格进行底纹设置。　　　　　　　　　　　　　　　　　　　　　　　　　　　　　　（　　）

3. "格式刷"功能对表格样式有效。　　　　　　　　　　　　　　　　　（　　）

4. 合并单元格时，单元格中的数据会丢失。　　　　　　　　　　　　　（　　）

5. 将一个单元格拆分为上下两个单元格后，原单元格中的内容在下方单元格中。
　　　　　　　　　　　　　　　　　　　　　　　　　　　　　　　　　（　　）

6. 将一个单元格拆分为左右两个单元格后，原单元格中的内容在左侧单元格中。
　　　　　　　　　　　　　　　　　　　　　　　　　　　　　　　　　（　　）

7. Word 中的表格可以有多个标题行。　　　　　　　　　　　　　　　（　　）

8. Word 中的表格可以进行填充操作。　　　　　　　　　　　　　　　（　　）

9. 在 Word 中拆分表格时，当前行是新表格的首行。　　　　　　　　（　　）

（五）操作题（写出操作要点，记录操作中遇到的问题和解决办法）

1. 制作自己班级本学期的成绩表。

2．对成绩表进行修饰，设置不同内外框线及首行下框线、首列右框线。

3．对成绩表进行修饰，添加大方美观、易于查看的底纹，对首行首列添加深色底纹。

4．为每个同学计算总成绩。

（提示：计算完一个同学总成绩后，可将光标移至下一个同学总成绩单元格，然后按【F4】快捷键即可计算出总成绩。）

5. 以总成绩为依据，对成绩表进行降序排序。

四、任务考核

完成本任务学习后达到学业质量水平一的学业成就表现如下。

（1）了解表格制作工具，会使用表格工具制作常用表格。

（2）会设置常用表格格式，会将给定文本转换成表格。

完成本任务学习后达到学业质量水平二的学业成就表现如下。

（1）会根据需要合理选用表格制作工具。

（2）会设计满足特定需要的表格。

任务4 绘制图形

◆ **知识、技能练习目标**

能绘制简单图形；

会使用适用软件或工具插件绘制数学公式、图形符号、示意图、结构图、二维和三维模型等图形。

◆ **核心素养目标**

发展计算思维；

提高数字化学习能力。

◆　**课程思政目标**

爱岗敬业，强化职业道德；

努力学习，大力弘扬工匠精神。

一、学习重点和难点

1．学习重点

（1）绘制简单图形；

（2）制作数学公式；

（3）制作二维、三维模型图。

2．学习难点

（1）制作 SmartArt 图形；

（2）制作数学、物理等公式。

二、学习案例

案例 1：插入公式

制作公式是试卷编辑的重要工作，小华决定花点时间熟悉公式编辑操作。

若要制作图 3-4-1 中的公式，就要使用 Word 的插入功能，在 Word 文档中添加公式。

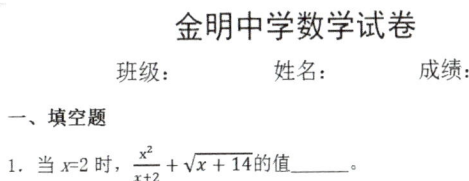

金明中学数学试卷

班级：　　　　姓名：　　　　成绩：

一、填空题

1．当 $x=2$ 时，$\dfrac{x^2}{x+2}+\sqrt{x+14}$ 的值_____。

图 3-4-1　数学试卷样图

操作提示：

（1）将鼠标指针定位在要插入的公式处，选择"插入"选项卡，单击"公式"按钮，出现公式编辑框 在此处键入公式。 ，同时出现"公式工具 设计"选项卡，如图 3-4-2 所示。

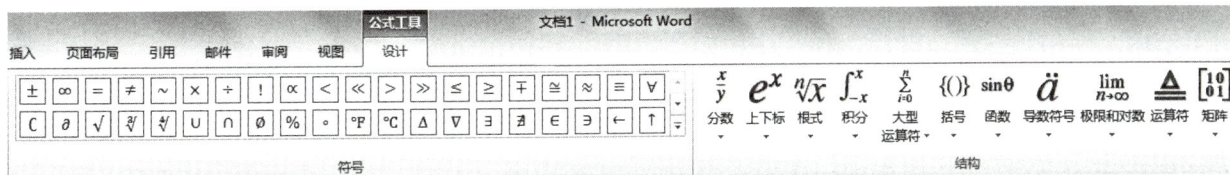

图 3-4-2　"公式工具 设计"选项卡栏

图3-4-3 分数（竖式）

（2）单击"结构"组的"分数"按钮，在下拉列表中选"分数（竖式）"选项，公式编辑区会出现如图3-4-3所示的分数格式。单击上或下面的虚线方格可分别输入分子或分母。

（3）选中表示分子的虚线方格，单击"结构"组的"上下标"按钮，展开"上标和下标"下拉列表。选择"下标和上标"区的第1种上标样式，分子部分会出现上标形式。

（4）将鼠标光标移至公式编辑区右侧，在"符号"组找到"+"号选择输入。单击"结构"组中的"根式"按钮，在展开的下拉列表中选择"根式"区的第1种样式，打开根式输入样式，如图3-4-4、图3-4-5所示。

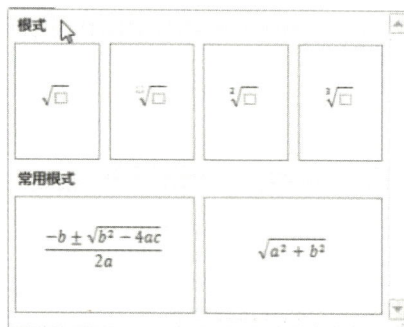

图3-4-4 "根式"下拉列表

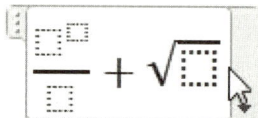

图3-4-5 根式输入样式

（5）选中表示分母的虚线方格，输入"x+2"；同样的方法，在表示分子的虚线方格内输入"x"，并在上标虚线方格内输入"2"，在表示根式的虚线方格内输入"x+14"。单击"公式编辑区"外任意一个地方，公式制作完成。按照样例输入其他文字。

小华在深入思考以下问题：

（1）在Word中能编辑的公式都有哪些？

（2）制作公式的过程中可能遇到哪些问题？

案例2：图形和图像

课堂上学习图形制作，小华借此机会理清了图形和图像的区别。

图形是指由外部轮廓线条构成的矢量图，即由计算机绘制的直线、圆、矩形、曲线、图表等。图形是用一组指令集合来描述图形内容，如描述构成该图的各种图元位置维数、形状等。描述对象可任意缩放不会失真，显示时使用专门软件将描述图形的指令转换成屏幕上的形状和颜色。主要用于描述轮廓不很复杂，色彩不是很丰富的对象，如几何图形、工程图纸、CAD、3D造型等。

图像是以人类视觉为基础，是自然景物的客观反映。"图"是物体反射或透射光的分布，"像"是人的视觉系统所接受的图在人脑中所形成的印象或认识，照片、绘画、剪贴画、地图、书法作品、手写汉字、传真、卫星云图、影视画面、X 光片、脑电图、心电图等都是图像。

在计算机科学中，图形和图像这两个概念是有区别的。图形一般指用计算机绘制的画面，如直线、圆、圆弧、任意曲线和图表等；图像则是指由输入设备捕捉的实际场景画面或以数字化形式存储的任意画面。

图像由排列的像素组成，在计算机中的存储格式有 BMP、PCX、TIF、GIFD 等，一般数据量比较大。它除了可以是真实的照片外，也可以表现复杂绘画的某些细节，并具有灵活和富有创造力等特点。

小华在深入思考以下问题：

（1）如何才能让图形的表现力更强？

（2）使用简单图形可以制作出哪些复杂图形？

三、练习题

（一）选择题

1. 在 Word 中，如果想使用一个直线箭头的形状，应选择"插入"选项卡中的"_____"。

　　A．形状　　　　　　　　　　B．图表

　　C．图片　　　　　　　　　　D．SmartArt 图形

2. 在创建图形时，选择一个形状后，鼠标形状会变成_____。

　　A．十字形　　　　　　　　　B．圆形

　　C．手的形状　　　　　　　　D．笔的形状

3. 在插入一个矩形形状后，在矩形内部输入文字，应在输入文字的位置_____。

　　A．单击鼠标左键　　　　　　B．双击鼠标左键

　　C．单击鼠标右键　　　　　　D．双击鼠标右键

4. 使用_____命令可以把若干个形状形成一个整体。

　　A．对齐　　　　　　　　　　B．组合

　　C．置于顶层　　　　　　　　D．置于底层

5. 制作一个公司的组织结构图，可以使用_____完成。

　　A．插入图片　　　　　　　　B．插入 SmartArt 图形

　　C．插入图标　　　　　　　　D．插入图表

6. 在 Word 中，设计一份包含公式的数学试卷，需要使用_____操作。

　　A．插入图片　　　　　　　　B．插入符号

　　C．插入公式　　　　　　　　D．插入编号

7. 在 Word 中，鼠标指针变成＿＿＿＿＿＿，可以调整公式大小。

A．十字形　　　　　　　　B．双向箭头

C．单向箭头　　　　　　　D．圆形

8. 在 Word 2016 中，可以使用＿＿＿＿＿＿手写输入公式。

A．墨迹公式　　　　　　　B．手写板

C．表格　　　　　　　　　D．文本框

（二）填空题

1. Word 提供了绘制图形的功能，可以在文档中绘制各种线条、＿＿＿＿＿＿、箭头、＿＿＿＿＿＿、星、旗帜、标注等。

2. 在 Word 中，可以设置图形格式，包括图形的颜色、＿＿＿＿＿＿、效果、＿＿＿＿＿＿等。

3. 在 Word 中，图形叠放次序包括置于顶层、＿＿＿＿＿＿＿、上移一层、＿＿＿＿＿＿＿。

4. 在 Word 中，图形与文字的环绕关系可以是嵌入型、四周型、＿＿＿＿＿＿、＿＿＿＿＿＿、＿＿＿＿＿＿、衬于文字上方、＿＿＿＿＿＿。

5. 在 Word 中，用鼠标指针指向图形对象并单击＿＿＿＿＿＿就可选定它。

6. 在 Word 中，在图形中添加文字，可以右键单击该图形，然后使用＿＿＿＿＿＿命令。

7. 在 Word 中，微移画出的箭头或直线，可使用＿＿＿＿＿＿组合键。

8. 在 Word 中，SmartArt 提供了七类逻辑图表，分别为：列表、＿＿＿＿＿＿、循环、＿＿＿＿＿＿、关系、矩阵和＿＿＿＿＿＿。

9. 在 Word 中，公式结构包括分式、＿＿＿＿＿＿、根式、＿＿＿＿＿＿、大型运算符、＿＿＿＿＿＿和＿＿＿＿＿＿等。

（三）简答题

1. 说出两种以上在 Word 图形中添加文字的方法。

2．简述在 Word 中绘制图形的四个阶段。

3．在 Word 中，使用 SmartArt 图形制作组织结构图的方法是什么？

4．在 Word 中，可以使用插入形状制作组织结构图吗？如果能，请简述方法。

5．在 Word 中，如何调整图形的叠放次序？

6．在 Word 中，如何将多个图形合并成一个图形？

7．简述在 Word 中插入内置公式的方法。

8．简述在 Word 中制作特定公式的方法。

9．简述在 Word 中手写制作公式的方法。

（四）判断题

1．在 Word 中，可以使用插入"形状""SmartArt"等来绘制各种图形。　　　（　　）

2．在 Word 中，图形不可以随文字移动。　　　（　　）

3．在 Word 中，图形的位置可以在页面上固定。　　　（　　）

4．在 Word 中，插入的图形不可以调整大小。　　　（　　）

5．在 Word 中，不可以对图形中的文字设置格式。　　　（　　）

6．逻辑图表可用来表示对象之间的从属关系、层次关系等。　　　（　　）

7．在 Word 中插入新公式后，应该通过"公式工具"中"设计"选项卡对公式进行编辑。

（　　）

8．在 Word 中，不可以对插入的内置公式进行编辑。　　　（　　）

9．在 Word 中插入公式后，无法调整公式的大小。　　　（　　）

（五）操作题（写出操作要点，记录操作中遇到的问题和解决办法）

1．使用 Word 中插入形状的功能，制作自己所在学生社团的旗帜，并在形状中添加文字，文字内容为社团的名称。

2．制作学校的毕业生离校流程图。

3．使用 SmartArt 图形制作学校的组织架构图。

4．在 Word 中编辑公式 $y = \dfrac{-b \pm \sqrt{b^2 - 4ac}}{2a} + \dfrac{a}{b} \times \dfrac{c}{d}$ 。

5．使用手写方式制作所学的数学公式。

四、任务考核

完成本任务学习后达到学业质量水平一的学业成就表现如下。

（1）会制作符合要求的正方形、圆形、箭头等平面图形。

（2）会制作符合需要的圆柱、圆锥等立体图形。

（3）会制作简单的数学公式。

完成本任务学习后达到学业质量水平二的学业成就表现如下。

（1）会使用简单图形制作飘扬旗帜、花朵等复杂图形。

（2）会使用系统工具制作三维模型。

任务 5　编排图文

◆　**知识、技能练习目标**

会使用目录、题注等文档引用工具；

会应用数据表格和相应工具自动生成批量图文内容；

了解图文版式设计基本规范，会进行文、图、表的混合排版和美化处理。

◆　**核心素养目标**

增强信息意识；

发展计算思维；

提高数字化学习能力。

◆ **课程思政目标**

遵纪守法、强化职业道德；

提高审美能力，自觉践行社会主义核心价值观。

一、学习重点和难点

1. 学习重点

（1）目录、题注等工具的使用；

（2）批量图文处理；

（3）图、文、表混合排版。

2. 学习难点

（1）图、文、表版面的合理性设置；

（2）高效批量图文处理。

二、学习案例

案例 1：制作论文文稿目录

小华想利用 Word 中目录的功能，给论文文档制作目录。

制作论文文档除了需要对文档进行文字的基本编辑，还需要按照要求为文档制作目录。

操作提示：

（1）打开"科学计算可视化在辅助教学方面的应用"文稿，对论文内容进行字体和字号的基本格式编辑。

（2）选中正文中的 1 级标题，依次单击"开始"→"标题 1"选项，将正文中的 1 级标题设置为 1 级目录，如图 3-5-1 所示。

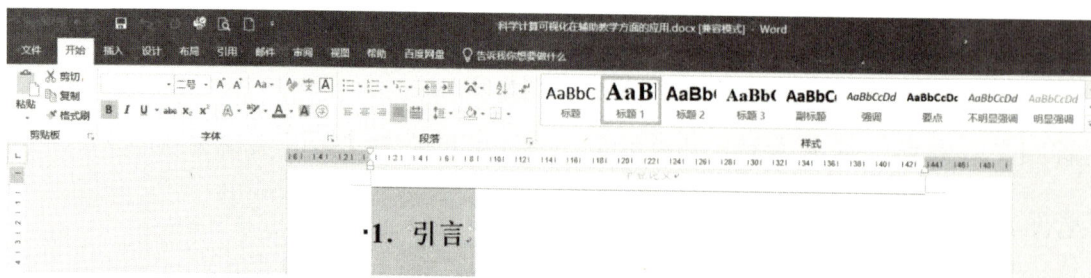

图 3-5-1 设置 1 级目录

（3）按同样的方法依次将正文中同级别的标题设置为目录 1 级。

（4）参照设置 1 级目录的方法将正文中的 2 级标题设置为 2 级目录。

（5）将光标定位在"目录页"，依次单击"引用"→"目录"→"自动目录 1"选项，结果如图 3-5-2 所示，目录自动生成。

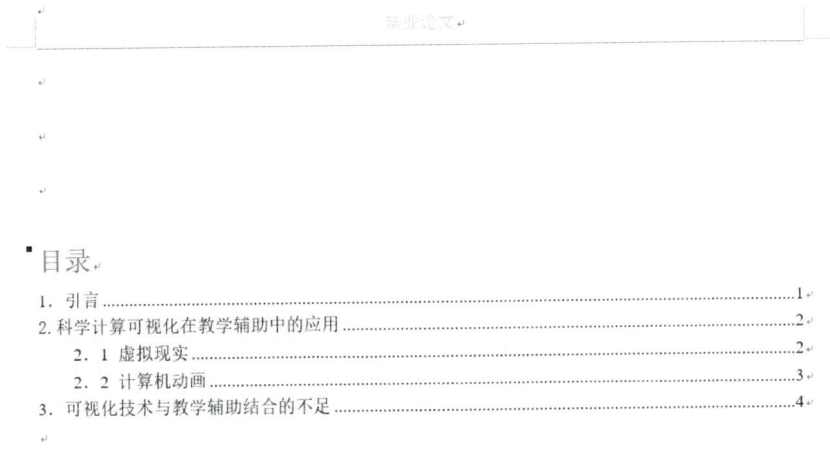

图 3-5-2　自动生成的目录

（6）右键单击目录，在弹出的快捷菜单中，可以对目录进行字体、段落的设置，完成设置后单击"确定"按钮即可。

（7）当正文内容有改动时，右键单击目录，在弹出的快捷菜单中，单击"更新域…"菜单项，打开"更新域"对话框，根据需要选择目录的更新方式。

案例 2：批量制作邀请函

小华想组织学生创业交流会，邀请一些校外辅导老师参加指导。他先收集了校外辅导老师的个人信息，制作成"通讯录.xls"文件，然后使用"邮件合并"功能批量制作邀请函。

操作提示：

（1）打开"邀请函"文稿模板，如图 3-5-3 所示。

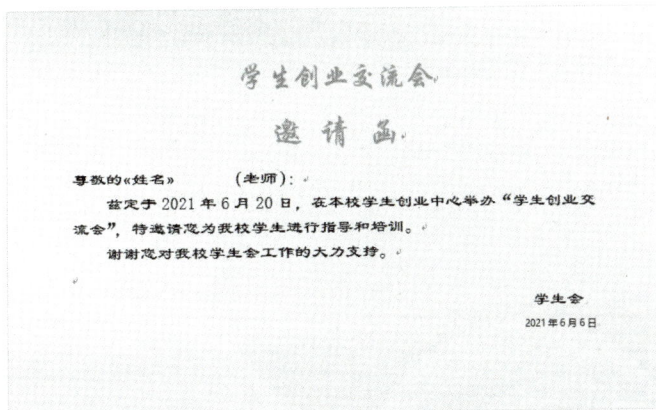

图 3-5-3　"邀请函"文稿模板

（2）单击"邮件"选项卡，如图 3-5-4 所示。

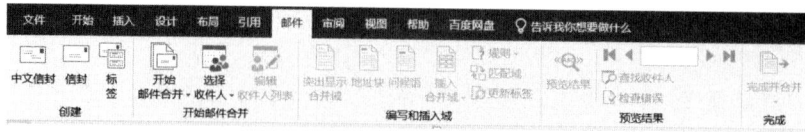

图 3-5-4　"邮件"选项卡

（3）将光标定位在文字"尊敬的"后面，依次单击"开始邮件合并"→"信函"选项。

（4）依次单击"选择收件人"→"使用现有列表"选项，打开"选取数据源"对话框，选中"通讯录.xls"文件，如图 3-5-5 所示。选择"Sheet1$"选项，单击"确定"按钮。

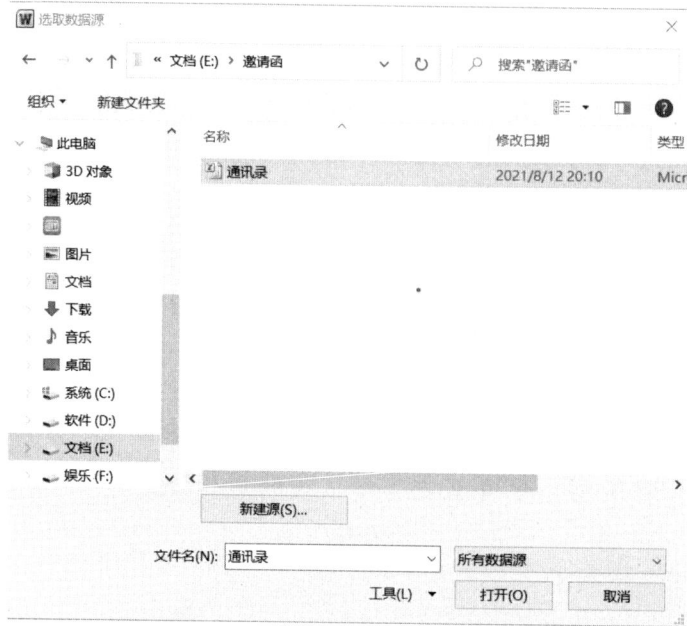

图 3-5-5　"选取数据源"对话框

（5）依次单击"插入合并域"→"姓名"选项，将数据源中"姓名"列数据插入。

（6）依次单击"合并到新文档"→"编辑单个文档"选项，弹出"合并到新文档"对话框，如图 3-5-6 所示。选中"全部"单选按钮，单击"确定"按钮，Word 会自动生成新文档。新文档中批量生成了以模板为基础，包含通讯录"姓名"中所有名字的邀请函。

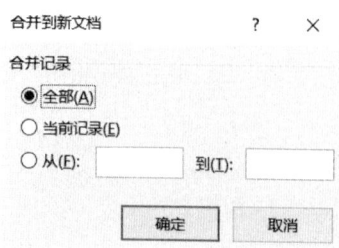

图 3-5-6　"合并到新文档"对话框

小华在深入思考以下问题：

（1）批量制作文档可能遇到哪些问题？

（2）哪些工作可以使用类似的操作来完成？

三、练习题

（一）选择题

1．在文档中生成目录，应在"_____"选项卡中进行。

　　A．插入　　　　　　　　　　B．引用

　　C．审阅　　　　　　　　　　D．视图

2．批量制作图文，应使用_____功能。

　　A．邮件合并　　　　　　　　B．插入图文

　　C．引用图文　　　　　　　　D．修订

3．按住【_____】键的同时可选定多个不相邻的文件或文件夹。

　　A．Ctrl　　　　B．Shift　　　　C．Tab　　　　D．Alt

4．不属于图形文件名后缀的是_____。

　　A．.pic　　　　B．.png　　　　C．.tif　　　　D．.rtf

5．不属于文本文件名后缀的是_____。

　　A．.aif　　　　B．.doc　　　　C．.pdf　　　　D．.txt

6．根据文件的_____，可以识别文件的类型。

　　A．大小　　　　　　　　　　B．用途

　　C．扩展名　　　　　　　　　D．文件名

7．在 Word 中，要使不相邻的两段文字互换位置，可进行_____操作。

　　A．剪切+复制　　　　　　　B．剪切+粘贴

　　C．剪切　　　　　　　　　　D．复制+粘贴

8．在 Word 中，要使文档各段落的第一行全部空出两个汉字位，可以对文档各段落进行_____操作。

　　A．首行缩进　　　　　　　　B．悬挂缩进

　　C．左缩进　　　　　　　　　D．右缩进

（二）填空题

1．对 Word 文档中的图片等对象进行描述，可以使用_____。

2．在 Word 中生成目录的基本操作有_____、设置标题（样式）级别和_____3 步。

3．对 Word 文档中的关键字进行单独的列表并标明其所在页页码，可以使用_____。

4．对 Word 文档中的引文制作目录，可以使用_____功能。

5．在 Word 文档中，自动生成目录后，如果标题的文字内容发生更改，应该进行_____

操作，以保证标题内容与目录内容一致。

6．邮件合并功能可以对信函、_____、信封、_____、目录等进行批量操作。

7．邮件合并操作完成后，可以单独生成批量图文，也可以直接_____。

（三）简答题

1．图文编排的主要目的是什么？

2．图文编排主要使用到 Word 中的哪些功能？

3．对长文档生成目录，需要有哪些准备工作？

4．在长文档生成目录时，手动目录和自动目录的区别是什么？

5．简述对长文档生成目录的步骤。

6．在使用邮件合并功能批量生成图文前，需要有哪些准备工作？

7．根据案例 2 的操作提示，简述批量生成图文的步骤。

8．简述使用"邮件合并分步向导"批量生成图文的方法。

（四）判断题

1．添加项目符号，需要先选中要添加项目符号的文本。 （ ）

2．生成目录前要对标题级别进行设置。 （ ）

3．批量制作图文需要有数据源。 （ ）

4．在进行邮件合并操作时，必须要预览结果。 （ ）

5．进行邮件合并操作，不能替换模板中的已有文字。 （ ）

6．在进行邮件合并操作时，数据源的格式只能是 Excel 表格。 （ ）

（五）操作题（写出操作要点，记录操作中遇到的问题和解决办法）

1．制作学校体育运动会的宣传海报。

2．对论文进行图文编排，并自动生成目录。

3．制作求职简历。

4．帮助招生办的老师批量制作录取通知书。

四、任务考核

完成本任务学习后达到学业质量水平一的学业成就表现如下。

（1）会生产指定文档的目录。

（2）会给指定内容添加题注、批注等。

（3）会进行文、图、表混合排版。

完成本任务学习后达到学业质量水平二的学业成就表现如下。

（1）会按照图文版式基本规范排版。

（2）文、图、表版面编排合理，颜色搭配恰当。